U0320266

主动采样与标注估计
技术研究及应用

吴伟宁　著

科学出版社

北京

内 容 简 介

　　主动学习的理论及其应用是机器学习研究领域中一个富有生命力和备受关注的研究分支，现已成为解决实际问题的重要方法之一. 本书集中介绍主动学习方法中的一些典型的样本选择方法和标注估计策略，并给出主动学习在应用中的统一框架. 本书通过研究大量丰富的文献资料和科研成果，回顾主动学习的过去，分析主动学习的研究现状，继而对主动学习的未来进行充分展望.

　　本书可供高等院校计算机、自动化、电子工程等专业的高年级本科生、研究生、教师及相关领域的研究人员与工程技术人员参考.

图书在版编目(CIP)数据

主动采样与标注估计技术研究及应用/吴伟宁著. —北京: 科学出版社,
2017.6
　ISBN 978-7-03-053324-1

Ⅰ. ①主⋯　Ⅱ. ①吴⋯　Ⅲ. ①噪声–采样–研究　Ⅳ. ①O422.8

中国版本图书馆 CIP 数据核字 (2017) 第 130606 号

责任编辑: 李静科 / 责任校对: 贾伟娟
责任印制: 张　伟 / 封面设计: 陈　敬

科 学 出 版 社 出版
北京东黄城根北街 16 号
邮政编码: 100717
http://www.sciencep.com

北京建宏印刷有限公司 印刷
科学出版社发行　各地新华书店经销
*
2017 年 6 月第　一　版　　开本: 720 × 1000 B5
2019 年 1 月第四次印刷　　印张: 6 1/4　插页: 4
字数: 89 000

定价: 48.00 元
(如有印装质量问题, 我社负责调换)

前　言

　　机器学习是人工智能领域的一个重要分支. 近年来, 随着互联网技术和数据存储技术的迅速发展, 利用机器学习算法从所收集的数据中获取其隐藏的知识, 并利用这些知识改善程序在实际任务中的性能, 成为备受关注的方向之一. 目前, 随着所收集数据规模的日趋增大, 半监督学习和主动学习等技术侧重于同时利用标注数据和未标注数据来进行知识发现, 这一做法在实际任务中得到了广泛的使用. 与仅利用标注数据的学习方法相比, 这类技术试图利用未标注数据来辅助学习过程. 其中, 主动学习技术从模拟人类自身的学习行为出发, 从大量未标注数据中选择最有帮助的部分样本加入学习过程, 充分利用有限的人类标注者经验来改善学习系统自身性能.

　　本书主要总结了主动学习近年来的主要工作, 包括主动学习的理论工作及其在实际任务中的应用, 涵盖了国内外关于主动学习许多具有代表性的最新研究成果; 详细介绍了主动学习近年来涌现出的理论和应用方面的现有工作, 并从代价的角度给出了主动学习的基本工作框架; 根据所收集数据条件的不同, 从样本选择和添加标注两个方面, 介绍了主动学习在实际任务中的策略, 包括如何从噪声数据中选取样本和添加标注信息, 以及如何在大规模数据中降低学习的时间花销等. 全书内容丰富, 注重理论与实际的结合, 着重介绍了噪声和大规模数据条件下如何选择样本和添加标注, 即如何在非实验室理想数据环境下降低主动学习过程中的标注代价和时间花销. 全书分为 5 章: 第 1 章绪论, 主要介绍了主动学习的基本思想、研究现状等; 第 2 章重点阐述了主动学习中的加权样本选择方法; 第 3 章阐述了基于分布优化的主动样本选择过程; 第 4 章介绍了多个标注者同时提供标注信息的条件下如何为所选择的样本添加正确标注; 第 5 章介绍了如何在大规模数据条件下快速选择样本, 降低学习过程中的时间花销.

本书内容源于 863 计划项目 (项目编号: 2007AA01Z171), 国家自然科学基金项目 (项目编号: 61171185). 本书得到了国家自然科学基金 (项目编号: 61502117) 和黑龙江省科学基金 (项目编号: QC2016084) 的资助. 本书的研究工作得到了郭茂祖教授和刘扬副教授的指导和帮助, 并获得了黄少滨教授的关心和支持, 作者对他们致以深切的谢意.

由于作者的水平有限, 书中难免存在不妥之处, 恳请广大读者批评指正.

吴伟宁

2016 年 1 月

目　录

第1章 绪 论

学习能力是人类具有的极其重要的特征之一. 在人的学习过程中, 学生向老师提问是快速掌握知识的有效方法. 机器学习在人工智能研究中占据着非常重要的地位, 是人工智能领域的核心内容之一, 其目的是使计算机程序具有类似于人类的学习能力, 从观测到的数据中获取经验或者知识. 其中, 主动学习模拟了人类的学习过程, 通过向人类专家 "提问" 这种拟人化方式来学习新的知识.

1.1 主动学习的背景

随着数据处理技术的飞速发展, 机器学习已经被广泛应用于各种工业领域和社会生活中, 它在人类的科研、生活、沟通与交流等各个方面发挥着重要的作用. 例如: 计算机视觉中的遥感图像分析[1,2]、医学图像分析[3,4]、基于内容的图像分类与视频检索[5-9], 以及文本挖掘[13-15]、语音识别[16,17]、生物信息挖掘[18] 等. 机器学习的研究目标是使计算机具有通过单一或者一组数据, 获取周围数据环境信息的能力, 即让计算机实现人类的学习功能, 感知、识别和理解客观世界的场景和行为, 从而帮助人们准确快速地从浩瀚的各类数据中搜索和获取重要的信息. 在此过程中, 数据对象的分析与理解是描述数据内容, 获取相关知识必不可少的重要组成部分, 而对数据进行分类, 从而识别和判断给定数据对象中是否包含某种知识则是正确分析和理解数据语义内容的重要问题之一.

目前, 在模式识别领域, 解决数据对象分类问题的一般做法是: 预先收集一组数据, 利用收集数据中包含的语义信息作为先验知识, 判断其余数据对象的所属类别. 其分类过程可以描述如下: 分别提取已知和未知数据的特征, 构建训练集和测试集, 继而, 在训练集上利用机器学习或模式识别技术建立算法或模型, 利用训练好的模型对测试集中的数据进行分类, 得到待识别数据的类别信息. 由于该分类过程需要通过人工方式为同类别数据添加标注等监督信息, 目的是建立学习模型所需要的训练集,获得较高精度的分类模型, 因而这一做法也称作监督学习.

在大多数已有监督学习系统中, 训练集是通过随机选择的方式构造的, 因而需要很高的人工标注代价. 随着互联网技术的迅猛发展和逐渐普及, 所收集数据的类别和规模呈现爆炸式增长, 因此, 减少训练集的人工标注代价和时间消耗成为该领域中一个亟须解决的重要问题. 上述监督学习过程面临的现实问题包括以下三个方面.

(1) 虽然互联网技术的发展使得学习系统可以通过关键字搜索在短时间内获得大量同类别的数据, 但是这些数据缺少精确标注. 如果对这些数据不加以选择和甄别, 直接对其添加标注信息会耗费大量时间和精力; 而让标注者自行选择和标注一部分数据, 这样构造的训练集又带有很强的偏好信息和个人倾向性, 即标注者所选择的数据并不一定是学习系统最需要的. 而且, 已有研究结果表明[10], 标注者自行选择的数据和学习系统收集的数据往往存在明显的不同和差异. 因此, 该做法不能很好地利用人工标注资源, 甚至浪费了有限的人力资源, 限制了标注者知识向学习系统的迁移.

(2) 在所收集数据包含信息是否有利于训练的问题上, 标注者与学习系统的判断存在着较大的差异. 因此, 学习系统本身应当具备判断未标注数据中信息含量的能力, 并知晓哪些数据对自身模型训练是最有利的, 进而选择这部分数据并提交标注者添加标注, 建立训练集. 这种通过学习系统和标注者进行交互来建立训练集的做法对充分利用标注者的监督信息、降低标注代价和克服人工选择数据中的偏好信息具有重要的意义和很高的实用价值. 另外, 当标注者之间存在不同的偏好差异时, 学习系统应当能够从观测到的标注信息中捕捉标注者的倾向性信息, 并将最有帮助的数据提交给最合适的标注者, 这种能力对于获取有利于模型训练的监督信息无疑是十分有利的. 最后, 学习系统应当以最快的速度向标注者提交查询请求, 减少选择所消耗的时间, 这对于减少构建训练集需要的时间代价具有重要作用.

(3) 使用互联网技术收集得到的数据建立训练集, 学习系统面临以下两个问题: 第一, 通过互联网技术收集得到的数据集中, 各个类别对应的数据数量之间往往存在较大差异 (例如: 在图像分类问题中, PASCAL VOC 图像库[11], MIRFLICKR 图像库[12] 等), 其中, 某些类别包含的数据数量远远小于其他类别, 这种类别不平衡问题直接影响了所训练模型的性能和准确度; 第二, 互联网环境是不断变化的, 而学习系统掌握的先验知识却是一次性从收集数据中得到的, 学习系统无法得知外部环境的变化情况, 也不能动态获取和补充先验知识, 这极大地限制了学习系统的适应性. 为了解决这两个问题, 学习系统应当具备良好的适应能力, 在不同类别和外部环境下, 根据不同类别, 选择最有利的数据构建训练集, 扩展模型的先验知识. 这对于在相同标注代价下, 提升模型的准确度具有重要的意义.

因此, 针对这些监督学习系统面临的实际问题, 在传统监督学习基础上, 涌现出了一批新的算法和模型 —— 目的是通过增加学习系统与外部环境和标注者的交互能力, 减少人工标注代价, 克服人工收集数据的倾向性, 尽可能将标注者知识迁移到学习系统中, 从而提高学习系统识别概念的能力. 鉴于这类机器学习方法众多, 无法一一展现, 本书仅介绍主动学习技术, 着重介绍如何使用主动学习技术解决分类问题, 主要包括有效的样本选择和标注者选择的方法, 目的是使学习系统以最少的人工标注代价和时间消耗选择对自身训练最有帮助的数据集.

1.2 主动学习的技术特点

与监督学习被动构建训练集的方法不同, 主动学习模拟了人类的学习过程, 即将在训练集中已标注数据上学习得到的知识作为先验信息, 利用该先验知识对测试分布中未标注数据包含的信息进行判断, 选择对模型训练最有利的数据进行标注, 以达到减少分类模型训练过程所需标注代价的目的. 以图像分类任务为例, 在图 1-1 中, 本书给出了主动学习构建分类系统的训练过程和预测过程. 从图 1-1 可以看出, 主动学习增加了样本选择和查询标注信息这两个环节, 其训练样本是通过设计有效的样本选择方法从未标注样本分布中选择得到的, 样本对应的标注是通过向标注者进行查询所得. 这两个步骤增加了机器学习系统与外部环境和标注者的交互能力, 提高了学习系统的适应性. 使用主动学习对分类问题建立模型, 可以充分利用珍贵的标注者资源, 降低学习过程中必要的标注代价, 这一做法的优势如下:

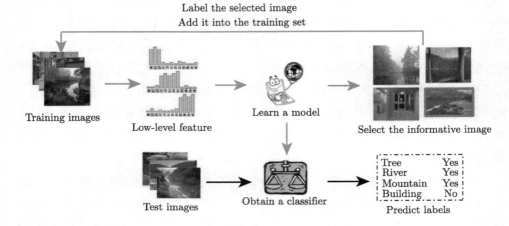

图 1-1　基于主动学习的图像分类过程示意图 (详见文后彩图)

训练过程使用蓝色箭头标出, 预测过程使用黑色箭头标出, 所选择图像使用红色方框标出

(1) 主动学习通过设计合适的样本选择方法从未标注数据中选择部分样本标注和建立训练集, 让分类系统可以根据需要自行选择样本, 克服了标注者自行选择和标注样本带来的个人偏好和倾向性. 同时, 由于系统选择了对当前模型训练最有利的样本加入学习过程, 当标注代价相同时, 与随机选择样本加入训练过程的监督学习相比, 主动学习可以获得更大程度上的分类性能提升.

(2) 主动学习通过向标注者提交查询请求的方式获取训练数据标注信息, 在这个迭代过程中, 主动学习可以从已经观测到的标注信息中, 判断标注者的喜好, 并在接下来的查询过程中利用掌握的偏好信息, 将所选样本交给最恰当的标注者. 这一学习系统与标注者进行交互的做法可以更加充分地利用有限的标注者资源, 更好地将标注者知识大规模迁移到学习系统当中.

(3) 主动学习通过判断未标注数据的信息含量来选择训练样本, 这一做法增加了学习系统探查外部环境的能力, 使学习系统可以根据不同类别和测试分布建立训练集. 当类别不同或测试分布随时间、地点不同而逐渐变化时, 主动学习可以更好地调整训练分布, 减少不必要的标注代价. 当标注代价相同时, 从不同的外部环境中, 分类模型可以更好地获取先验知识, 提升模型性能.

因此, 本书首先总结了已有主动学习技术, 随后介绍了不同的数据环境下, 如何发掘有效的样本选择策略和代价度量函数. 在标注代价相同的条件下, 准确设计上述两者对减少系统的学习代价具有重要的意义, 也是提升分类模型性能的重要手段之一.

1.3 主动学习的研究现状

机器学习作为人工智能的一个重要研究方向, 一直受到计算机科学家的关注. 当前, 机器学习面临的现实情况是: 未标注样本数目众多, 易于获得; 标注样本数量稀少, 难以获得. 一些研究表明, 对于训练样本的精确标注不但需要该领域中大量的标注者参与, 并且标注样本花费的时间是其获取时间的 10 倍以上[20], 与之形成对比的是, 未标注样本却简单易得. 这种现实使传统机器学习方法无法得以有效应用, 原因在于监督学习需要大量的标注样本对分类器进行迭代训练, 否则根据 PAC 学习理论, 算法的泛化性能无法有效提高. 无监督学习虽然直接利用未标注样本, 但是算法的精度不能使人满意. 在这种情况下, 半监督学习 (Semi-supervised Learning) 和主动学习 (Active Learning) 算法就应运而生并迅速发展, 成为解决上述问题的重要技术. 虽然两者都利用未标注样本和标注样本共同构建高精确度的分类器, 降低人类标注者的工作量. 但不同的是, 主动学习算法模拟了人的学习过程, 选择标注部分样本加入训练集, 迭代提高分类器的泛化性能, 因此近年来被大量地应用于信息检索、图像和语音识别、文本分类和自然语言处理等领域. 2009 年, Tomanek 和 Olsson[21] 的一项调查显示, 90.7% 的研究者认为主动学习在他们的项目应用中是有效的. 而另一份调查证明 Google, CiteSeer, IBM, Microsoft 和 Siemens 等大型公司也都在项目中使用主动学习来提高性能[19]. 2010 年, PASCAL 举办了主动学习方法竞赛, 竞赛包含 6 个不同应用领域, 目的是鼓励参赛者开发优秀的主动学习方法[22].

主动学习最初是由耶鲁大学的 Angluin 教授在 *Queries and concept learning* 一文中提出的[23]. 与以往学习方法的不同点是该文中使用了未标注来辅助分类器的训练过程, 其方法是选择并标注部分未标注样本, 然后放入标注样本集训练分类器, 使用分类器再次选择未标注样本. 这种有选择地扩大有标注样本集和循环训练的方法使分类器获得了更强的泛化能力. 此后, 由于主动学习的适用性广泛和高效利用人类标注者资源等一系列特点, 使得这种学习方式得以迅速发展, 并成为机器学习领域最重要的方向之一. 例如, 卡内基–梅隆大学、斯坦福大学的机器学习实验室都将主动学习的算法理论以及实际应用, 特别是无标注样本选择方法的设计列为研究重点; 一些机器学习、数据挖掘的重要学术会议也都收录主动学习的文章并将其列为重要专题进行讨论[24].

1.3.1 主动学习过程

简单说来, 主动学习对应的工作过程是一个迭代训练分类器的过程, 该过程由以下两个部分组成[25].

- 学习引擎 (Learning Engine, LE): 学习引擎的工作过程是在标注样本集合上进行循环训练, 当达到一定精度后输出. 这一过程类似于监督学习中的分类器训练过程.
- 采样引擎 (Sampling Engine, SE): 采样引擎是主动学习不同于其他学习方法的部分. 其任务是使用不同的样本选择方法选取未标注样本, 将其交给标注者以获取标注信息, 并将标注后的样本加入标注样本集, 以供分类器进行循环训练. 这一过程试图在标注代价最少的条件下获取最有助于分类器训练的标注样本集合.

主动学习的迭代过程可以被描述为: 在标注样本集上训练分类器; 使用分类器对未标注样本进行类别判断; 根据判断结果, 使用采样引擎选择部分未标注样本提交标注者添加标注信息; 将标注后的样本加入训练集用于分类器的下一次训练. 终止条件是标注代价或者分类器的泛化精度达到一定标准为止. 为了说明主动学习的工作过程, 图 1-2 给出了主动学习过程的伪代码描述.

主动学习中采样引擎的核心是样本选择方法, 它决定了主动学习的实际应用效果. 因此, 本书主要介绍了主动学习中的样本选择方法, 侧重介绍样本选择过程和标注添加技术. 其中, 样本选择方法的目的是设计合适的样本信息含量度量标准, 也就是所选样本被加入训练集后对分类器泛化能力的影响程度. 根据无标注样本的选择方式不同, 该标准可以是一个设定好的函数, 也可以是一个固定的阈值. 标注添加技术的目的是在不同的标注者环境下准确地为所选择的无标注样本添加合适的标注信息, 也就是从人类标注者提供的标注信息中估计所选样本对应的正确标注信息. 通过以上两种技术, 主动学习在分类训练过程和样本标注代价之间进行选择, 试图在花费代价最小的条件下, 达到学习系统增益最大的目的.

主动学习过程的伪代码描述	
输入：标注样本集L, 无标注样本集U, 学习引擎LE, 采样引擎SE	
输出：学习引擎LE	
BeginFor i=1,2,$\cdots$,N	
1. $\quad$ Train(LE,L);	//在标注样本集上学习分类模型
2. $\quad$ T=Test(LE,U);	//使用该分类模型预测未标注样本的类别信息
3. $\quad$ S=Select(SE,U/T);	//使用采样引擎选择未标注样本
4. $\quad$ Label(S);	//将所选样本提交标注者获取标注信息
5. $\quad$ L=L+S;	//将标注样本加入标注样本集
6. $\quad$ U=U−S;	//从无标注样本集中删除所选样本
BeginFor	

图 1-2　主动学习过程的伪代码描述

1.3.2　主动学习分类

根据样本选择方法选取未标注样本的方式不同, 可以将主动学习分为以下三种: 成员查询综合 (Membership Query Synthesis)、基于流 (Stream-based) 的主动学习和基于池 (Pool-based) 的主动学习[19]. 为了便于叙述, 本书使用 (x,y) 表示已标注样本及其对应标注信息, 使用 $\bar{x}$ 表示未标注样本.

成员查询综合是最早被提出的使用查询进行学习的思想[23], 即假定学习系统对周围环境具有一定控制能力, 可以向人类标注者提问. 算法通过提问的方式确定某些样本的标注和学习未知概念. 该方法的缺点是将所有未标注样本都交给人类标注者进行标注, 而不考虑样本的实际分布情况[26].

针对这一缺陷, 研究人员提出了一系列样本选择算法对该方法进行改进. 当 $\bar{x}$ 大量易得时, Cohn 提出标注 $p(x,y)$ 超过某一阈值的样本[27].

Seung 等提出在 (x, y) 上分别训练参数为 θ_1 和 θ_2 的两个模型, 选择这两个模型预测不一致的 $\bar{x}$ 进行标注[28]. 这类做法也称为基于流的采样策略, 其采样过程是将落在版本空间 (Version Space) 中的所有 $\bar{x}$ 按照顺序逐个依次进行标注[29], 并广泛应用于词类标注[30]、信息检索[31]、入侵检测[32] 和信息提取[33] 等实际问题.

　　虽然基于流的样本选择在一定程度上解决了直接查询方法的问题, 但是这种样本选择方法往往需要设定一个固定阈值来衡量样本的信息含量, 因此缺乏对不同学习问题的普适性. 具体应用问题不同, 设定的阈值也不同. 更重要的是, 算法需要逐个将 $\bar{x}$ 的信息含量与标准阈值进行比较, 故无法掌握 $\bar{x}$ 的实际分布, 也无法得知 $\bar{x}$ 之间的差异.

　　为了解决上述问题, Lewis 提出将 $\bar{x}$ 组成一个无标注样本 "池", 主动学习从这个集合中选择样本, 即基于池的样本选择策略[34]. 与基于流的样本选择策略相比, 算法维护一个固定分布的由大量 $\bar{x}$ 组成的 "样本池". 主动样本选择方法逐一计算 $\bar{x}$ 的信息含量并比较, 选择信息含量高的 $\bar{x}$ 进行标注. 由于基于池的样本选择策略继承了前面两种方法的优点, 克服了它们的不足, 因而它成为当前研究最充分、应用最广泛的样本选择策略, 在文本分类[35–37]、信息提取[38]、图像检索[39,40]、视频检索[41,42] 和癌症检测[43] 等领域都有具体的应用.

1.3.3　主动学习的理论分析

　　主动学习的目的是减少训练所需的标注代价, 因此, 在主动学习理论研究中, 备受关注的是算法对样本复杂度 (Sample Complexity) 的降低程度. 相对于主动学习的大量应用研究工作而言, 该方面的理论研究依然有很多开放性问题. 特别是目前主动学习已有研究成果大多针对特定条件或模型, 尚缺乏一般性结论. 根据主动学习中理论研究针对的不同问题, 将该方向成果划分为 "可达"(Realizable) 和 "不可达"(Non-realizable) 两种情形, 并分别加以阐述.

　　可达类主动学习是指假设类 (Hypothesis Class) 中存在可以完美划分数据的假设. 对于可达情形, 其理论研究是主动学习理论研究中被关注时间较早, 相对较为充分的一种类型. 大多数该方面的理论工作证明: 相对于监督学习而言, 主动学习可以有效降低样本复杂度. 与监督学习相比,主动学习可以产生"指数级"的样本复杂度改善[44−49]. 例如, Cohn 等[27] 证明在标准 PAC 模型下, 均匀分布的样本空间中, 获得一个最大错误率为 ε 的分类假设. 监督学习需要的样本复杂度是 $O(1/\varepsilon)$, 而主动学习使用二分搜索获得该分类假设所需要的样本复杂度为 $O(\log 1/\varepsilon)$. Freund 等[49] 进一步提出, 在贝叶斯条件下, 获得一个泛化误差小于 ε 的分类假设, 基于版本空间缩减的主动学习算法的样本复杂度为 $O(d\log(1/\varepsilon))$ (d 表示当前空间中 VC 维的维度). 而相同条件下, 监督学习的样本复杂度为 $O(d/\varepsilon)$. 针对该结论, Gilad-Bachrach 使用核方法进一步限制版本空间的大小, 获得了更高的性能[50]. Balcan 等[47] 证明样本均匀分布时, 可达类主动学习的样本复杂度是 $O\left(\varepsilon^{-2(1+\lambda)}\right)$, 其中 λ 表示噪声参数.

但是, 由于存在噪声数据或者假设类学习能力有限等因素, 实际应用中的大多数问题属于"不可达"情形, 即假设类中不存在对数据进行完美划分的假设. 针对不可达类主动学习, 人们获得了丰富的研究成果. 这部分研究成果可以根据是否假定噪声模型划分为以下两种.

在不假定噪声模型的条件下, 一些研究成果[51−53] 表明, 主动学习的样本复杂度下界与被动学习的样本复杂度上界相当, 这意味着, 主动学习并不能起到实质性的改善作用. 因此, 基于 PAC 框架的不可达主动学习算法的特点是严格地限制采样次数, 从而达到降低样本复杂度的目的. 例如, Balcan 等[51] 提出基于 PAC 框架的不可达主动学习 (Agnostic Active Learning, A²) 算法, 证明了样本复杂度边界是 $O(\ln 1/\varepsilon)$. 该结果表明只要样本是从一个固定分布中选择的, 主动学习就比监督学习算法具有更大的优势. Steve Hanneke[52] 通过定义不一致系数, 进一步限制样本复杂度的上界. 在此基础上, Dasgupta 等[53] 提出一种更有效的样本选择方法, 针对不同的样本分布和模型类别, 更精确地对当前假设进行限制, 达到了更少的标注代价. 这些主动学习算法类似于精确枚举空间中的所有假设, 计算复杂度高, 所以很难直接应用于实际. 而且, 算法的理论分析结论往往建立在样本均匀分布或近似均匀分布的条件下, 或者对假设空间有严格要求. 在算法具体实现中, 这些方法局限于优化简单的 0-1 损失函数, 很难扩展到复杂监督模型或其他对象函数[54]. 值得注意的是, Wang 和 Zhou 使用全类扩张的 α- 扩张定义, 显示出主动学习算法在数据存在多视图时降低样本复杂度的有效性[55], 同时, Wang 和

Zhou 也将半监督技术与多视图主动学习相结合, 并获得算法性能的进一步提高.

在假定噪声模型的条件下, 现在一般考虑 Tsybakov 噪声模型, 又可以分为有界 (Bounded) 和无界 (Unbounded) 两种情形. 有界情形相对简单, 一些研究表明[45,56,57], 主动学习可以产生指数级的样本复杂度改善. 例如, Kaariainen[58] 证明了噪声率为 η 时主动学习算法的样本复杂度为 $\Omega\left(\eta^2/\varepsilon^2\right)$. 无界情形则相对复杂, 也更接近于大多数真实问题, 一些研究工作[45,56,59,60] 表明主动学习仅能获得多项式级的样本复杂度改善, 并不能起到实质性提高. 例如, Cavallanti 等[59] 进一步提出, 当标注噪声满足线性条件时, 主动学习算法的样本复杂度是 $O\left(\varepsilon^{-2(3+\lambda)(1+\lambda)(2+\lambda)}\right)$. Castro 和 Nowak[60] 提出了单视图主动学习算法的样本复杂度的一般形式, 即获得一个分类错误率小于 ε 的分类假设, 样本复杂度至少为 $\Omega\left(\varepsilon^{-\rho}\right), \rho \in (0, 2)$. 在分类边界和分布高阶平滑至无限平滑的假设条件下, Wang[61] 基于放松的 Tsybakov 噪声模型 (Approximately Tsybakov Model) 获得了指数级改善. Wang 和 Zhou[62] 首次发现, 当数据存在多视图时, 在无界 Tsybakov 噪声模型条件下, 主动学习可以达到指数级提升. 该工作具有很大的启发意义, 说明主动学习算法的进一步理论研究和算法设计都必须考虑一些具体的数据条件, 否则, 一般通用角度无法获得样本复杂度的指数级提升, 即不能获得实质性改善.

1.4 主动样本选择方法概述

一般来讲, 分类任务是对观察到的数据中包含实际物体、场景或行为等实体的所属类别做出有意义的判定, 该问题可以形式化地描述为: 在无标注样本集 I 上最大化样本判定类别 C 对应的条件概率, 即

$$C = \arg\max p\left(C|I, w\right) \tag{1-1}$$

其中, 参数 w 是分类模型经由主动学习系统迭代训练所得. 在每一轮迭代中, 样本选择过程根据 $p\left(C|I, w\right)$ 值计算未标注样本包含的信息含量, 并依据信息含量的高低选择最有助于分类模型训练的未标注样本, 提交标注者查询标注信息.

目前, 针对不同的应用领域, 已经出现大量样本选择方法的研究工作, 致力于发掘出信息含量最大的样本加入训练集. 根据本书 1.3 节所述, 基于池的样本选择方法应用最为广泛, 且当样本池中仅有一个未标注样本时, 等同于基于流的样本选择算法. 因此, 本节将详细介绍这类样本的选择方法. 按照选择 $\bar{x}$ 的标准不同, 分为以下三种: 基于不确定性的样本选择方法, 基于版本空间缩减的样本选择方法以及基于误差缩减的样本选择方法[63].

1.4.1 基于不确定性的样本选择方法

基于不确定性的样本选择方法 (Uncertain-based Sampling) 是适用性最广的一类样本选择方法. 这种样本选择方法选择分类器对 $p(\bar{y}|\bar{x})$ 的预测值最接近 0.5 的样本进行标注, 其中 $\bar{y}$ 是 $\bar{x}$ 的预测标注. 事实证明, 这种采样策略不但适用于绝大多数分类器, 有效减少了人类标注者的工作量, 而且极大地提高了分类器的分类精确度和泛化能力[64], 是目前研究最为充分的样本选择方法. 根据选用的分类模型不同, 衡量样本不确定性的函数 $f(\bar{x}, \bar{y})$ 演化出很多形式, 下面进行详细说明.

最基本的做法是使用分类器直接估计 $p(\bar{y}|\bar{x})$ 的值, 算法选择样本的标准是 $p(\bar{y}|\bar{x})$ 的值最接近于 0.5 的样本. 例如, Lewis 和 Catlett[34] 将其应用于决策树模型, 算法中 $f(\bar{x}, \bar{y})$ 的形式如下:

$$p(c|w) = \frac{\exp\left(a + b\sum_{i=1}^{d}\log\frac{p(w_i|c)}{p(w_i|\bar{c})}\right)}{1 + \exp\left(a + b\sum_{i=1}^{d}\log\frac{p(w_i|c)}{p(w_i|\bar{c})}\right)} \tag{1-2}$$

其中, c, $\bar{c}$ 分别表示样本所属正、负类别, w_i 表示样本特征. 继而, T. Scheffer 等[65] 在隐马尔可夫模型 (Hidden Markov Models, HMM) 中使用这种思想, 并将这一做法扩展到多类别问题中. 当前, Culotta 和 McCallum[64] 把这种做法推广到结构化分类模型中, 使用结构化数据对应标注序列的后验概率作为 $f(\bar{x}, \bar{y})$, 也收到了很好的效果.

由于直接估计 $p(\bar{y}|\bar{x})$ 的做法很难应用于复杂的概率模型, 信息熵作为一种 $f(\bar{x}, \bar{y})$ 的形式得以引入. 信息熵的特点是易于计算, 并且能很方

便地扩展到复杂的概率图模型当中, 例如: 条件随机场模型、判别随机场模型. 近年来, 信息熵演化出适用于各种结构化数据的变体, 如短数据序列熵、长数据序列熵和序列总熵等[38]. 同时, 为了解决标注序列随着样本序列自身长度增加而指数化增长带来的计算量过大的问题, Kim 等[66]将标注序列进行排序, 选择其中后验概率最大的 N 个标注序列计算样本的熵值.

由于支持向量机 (Support Vector Machine, SVM) 在小样本分类中的突出表现, 采用 SVM 作为基准分类器的主动学习算法逐渐增加[67]. SVM 分类是在样本空间中找到一个能最大化分隔样本空间的超平面. 因此当分类器是 SVM 模型时, 样本选择策略使用样本与分类边界之间的距离作为 $f(\bar{x}, \bar{y})$ 的计算形式. 此时, 主动学习的具体步骤是: 首先使用标注样本训练 SVM 模型, 并使用该模型对 $\bar{x}$ 进行预测, 获得样本的类别标注和样本与超平面的距离; 然后, 根据样本与超平面距离对 $\bar{x}$ 进行排序, 选择与超平面距离最小的 $\bar{x}$ 作为最不确定的样本[39,40], 并提交标注者进行标注. 这一样本选择标准也称为最近边界策略 (Closest to Boundary), 现已广泛应用于文本分类与检索、图像检索等任务当中, 收到了良好效果.

上述两种基于不确定性的样本选择方法虽然很具有代表性, 但其面临的重要问题之一是如何避免选择野点. 对于分类器训练而言, 野点虽然具有很高的不确定性, 但是其无法代表某类样本的特殊性, 因而对其添加标注并不能提高学习器的泛化能力. 而另外一个问题是当分类器为 SVM 模型时, 若 SVM 的分类界面刚好通过一个无标注样本密集区域, 那么距离分类界面最近的大部分样本一定都是位于该区域内的. 但是, 属于同一聚类的样本通常具有相同的类别标注, 将这种未标注样本交由人类标注者进行重复标注会浪费大量的时间. 为了解决这个问题, 在 SVM 模型条件下, 研究人员将聚类算法与基于不确定度的样本选择方法相结合, 即根据样本间隔进行采样的同时考虑样本的实际分布情况, 选择标注具有代表性的样本 (Representative Sampling). 例如: 在图 1-3 中, Xu 等[68] 使用了 K-Means 算法, 选择那些靠近分类边界的聚类中心进行标注. Nguyen 和 Smeulders[69] 使用了半监督学习中的聚类思想, 先对样本进行聚类, 将相同聚类中的样本标注进行传递, 选择靠近边界的聚类中心进行标注 (Pro-cluster Sampling). Sanjoy[70] 使用分层采样的方法 (Hier-

archical Sampling), 根据样本密度的高低进行采样. 这些做法的优点是,
当未标注样本分布不均衡时, 采样算法依然可以选择到最具有代表性的
未标注样本. 虽然这些做法在一定程度上解决了上述问题, 但是由于聚
类算法本身的一些缺点, 这两个问题的研究依然是备受关注的. Donmez
等[71] 提出了将样本密度与最近边界准则相结合的 DUAL 方法 (Dual
Strategy for Active Learning), 在样本选择过程中, 算法判断当前样本的
密度信息, 当样本密集时, 根据密度信息进行采样; 当样本稀疏时, 选取
距离分类边界最近的样本. Huang 等[72] 使用 QUIRE 方法 (Querying
Informative and Representative Example), 在样本选择步骤中, 算法同时
考虑密度和边界分布的信息, 目的是选择代表性和不确定性的样本, 即使
在噪声数据存在的条件下, 算法保持较高的样本选择的准确度[72]. 为了
读者能更好地理解这些样本选择方法的特点, 在表 1-1 中, 本书给出上述
各种样本选择方法的应用领域及其优缺点比较.

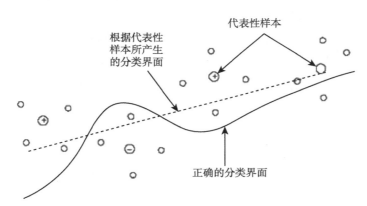

图 1-3　选择靠近分类界面的聚类中心

表 1-1　基于不确定性的样本选择方法比较

样本选择方法	应用领域	算法优缺点比较
基于不确定 性采样[34,64,65]	文本分类 信息抽取	易于理解和实现 适用于各种判别模型 容易受到野点影响
基于信息 熵采样[38,66]	自然语言处理	适用于各种复杂模型和多类别问题 容易受到野点影响
最接近 SVM 边界[39,40]	文本分类 图像检索	大多数用于 SVM 模型 容易受到野点影响

续表

样本选择方法	应用领域	算法优缺点比较
代表性采样[68]	文本检索	可以充分利用样本的分布信息
预聚类采样[69]	人脸识别 手写数字识别	通过结合半监督学习方法 充分利用了无标注样本点的先验知识 避免重复标注属于同类别的样本
层次采样[70]	手写数字识别 文本分类	从包含噪声的无标注数据中 发掘出层次结构信息
DUAL[71]	数据挖掘	利用无标注数据的密度信息动态选择样本
QUIRE[72]	数据挖掘	避免了偏置和噪声对样本选择的影响 更加准确地选择最不确定的样本

1.4.2   基于版本空间缩减的样本选择方法

与上一节中介绍的基于不确定度的样本选择方法不同, 基于版本空间缩减样本选择方法的主导思想是选择能最大程度缩减版本空间的 $\bar{x}$ 进行标注. 委员会投票选择算法 (Query by Committee, QBC)[10] 是这类样本选择方法中应用最广泛、最著名的算法. 该算法具体步骤是: 从当前版本空间中选择参数不同的一组假设构成一个 "委员会"; 使用委员会中各个假设对无标注样本进行分类判别; 选择标注版本空间中各个假设分类结果不一致程度最大的 $\bar{x}$. 换言之, 这种样本选择方法是通过构造多个分类器模型来预测样本标注, 进而选择各模型都不确定的样本进行标注, 其本质与基于不确定性样本选择方法类似. 自从 Seung 等[28] 构建第一个由两个随机假设模型组成的委员会后, QBC 算法在各种分类模型的实际应用中收到了较好的效果. 例如: 朴素贝叶斯模型[35]、隐马尔可夫模型[30] 等. 这种样本选择方法的目的是建立一个具有较强泛化能力和高效的假设委员会, 本节就从其研究重点对这一类算法分别进行介绍.

第一个研究重点是如何有效地建立一个委员会. 委员会构建的一种策略是将委员会建立看作多分类器集成问题, 故很多原有的分类器集成的策略都被用于解决这一问题. 例如: Abe 和 Mamitsuka 在 1998 年提出了 Boosting-QBC 和 Bagging-QBC 的委员会建立策略[73]. 这两种委员会的建立策略分别采用了两种著名的集成学习方法去建立委员会: Freund[74] 于 1997 年提出的 Boosting 方法和 Breiman[75] 于 1996 年提出的 Bagging 方法. 这两种做法的共同特点是: 使用了重采样技术训练并获得多个候选假设; 从未标注集中随机选择部分 $\bar{x}$ 对当前候选假设加以区分; 选择在各个假设之间, 不确定度最大的样本进行查询, 进而达到缩减版本空间的目的. 而不同的是, Bagging-QBC 目的是减少假设偏置的影响, 过程相对简单: 算法过程是从样本分布中进行多次独立同分布采样; 使用所选样本训练候选假设; 最终的输出假设是所有候选假设的平均值. Boosting-QBC 算法目的则是增强弱分类假设的性能, 过程相对复杂: 使用 AdaBoost 算法对采样过程进行加权并训练候选假设, 在二分类问题中, 选择能够最小化两类权重差值的样本作为查询样本.

另一个研究重点是如何衡量成员模型对样本的分歧程度. Dagan 和 Engelson[30] 提出选举熵这一标准 (QBC-VE), 其计算公式如下:

$$\mathrm{VE}\left(\bar{x}\right) = -\sum_{i \in |M|} \frac{V\left(\bar{y}, \bar{x}\right)}{|M|} \log \frac{V\left(\bar{y}, \bar{x}\right)}{|M|} \tag{1-3}$$

其中, $V\left(\bar{y}, \bar{x}\right)$ 表示委员会中各个假设对 $\bar{x}$ 的投票结果, $|M|$ 表示委员会中假设的个数. 选举熵可以看作是基于熵的不确定性样本选择方法在 QBC 算法中的推广, 将原有熵的形式进行了改进, 使之能够衡量委员会中各个假设对样本分歧的程度. McCallum[35] 则提出将样本的分布密度与 QBC 相结合 (EM-QBC), 同时引入信息论中的 KL 分歧度 (Kullback-Leibler Divergence) 来计算两个概率分布的差异程度, 其公式如下:

$$\mathrm{KL}\left(p_1\left(x\right), p_2\left(x\right)\right) = -\sum_{i \in |L|} p_1\left(x_i\right) \log \left(\frac{p_1\left(x_i\right)}{p_2\left(x_i\right)}\right) \tag{1-4}$$

该算法认为最具有信息含量的样本是位于委员会成员模型中不一致程度最大的样本分布区间上, 并将位于这一区间内的样本交由人类标注者进行标注. 同样, 本节也在表 1-2 中给出了委员会投票选择方法的应用领域和优缺点比较.

表 1-2 委员会投票选择方法比较

样本选择方法	应用领域	算法优缺点比较
EM-QBC[35]	文本分类	使用 EM 算法建立 QBC 算法 有效度量了样本间的分布和散度信息

样本选择方法	应用领域	算法优缺点比较
Bagging-QBC[75]	数据挖掘	利用 Bagging 算法获得了一组分类假设 避免模型偏置的影响
Boosting-QBC[74]	数据挖掘	利用 Boosting 算法对样本加权 有效强化了弱分类器的性能
VE-QBC[30]	自然语言处理	将信息熵结合到 QBC 算法中

1.4.3   基于误差缩减的样本选择方法

与 1.4.1 节和 1.4.2 节中介绍的样本选择方法不同, 基于误差缩减的样本选择方法是通过减少分类器误差来直接提高学习算法的泛化能力. 这种样本选择方法具有很强的统计学基础. 样本选择方法根据样本的实际分布情况, 选择使分类器未来泛化误差最大程度缩减的 $\bar{x}$ 进行标注. 因此, 该方法的优势是可以有效地避免选择野点, 缺点是这类样本选择策略需要大量的计算, 因为模型参数的变化使每一次样本选择都需要重新训练分类器. 这类方法的具体工作步骤是: 主动学习中的样本选择方法把每一个 $\bar{x}$ 都作为候选样本, 将其标注后放入已标注样本集中训练分类器; 计算分类器训练后误差的变化结果; 选择能够最大程度缩减分类器误差的样本进行标注.

事实上, 基于误差缩减的样本选择方法是最早被研究的采样方法之一. 在 1992 年, Geman 等[76] 就证明了学习模型期望误差可以被分解为样本集的噪声、模型偏置和模型方差三者之和. Cohn 在此基础上提出了主动学习的统计学模型, 即基于模型方差最小化的缩减策略, 并将其成功应用于人工神经网络、高斯混合模型和回归模型中[77]. 由于这种直接估计模型方差的做法仅适用于方差简单可求的概率模型, 而无法应用于复杂的学习模型, 所以很多替代性的标准被提出, 本书将选择部分具有代表性的标准进行介绍. 首先, Zhang 等引入费希尔信息函数来计算每一个 $\bar{x}$ 的费希尔得分并构造费希尔矩阵[78], 其计算公式如下:

$$I(\lambda) = -\iint p(\bar{y}|\bar{x}, \lambda) \frac{\partial^2}{\partial \lambda^2} \log p(\bar{y}|\bar{x}, \lambda) \, \mathrm{d}\bar{x}\mathrm{d}\bar{y} \tag{1-5}$$

费希尔信息函数大多用于判别模型中衡量样本标注对模型误差的影响程度, 优点是可以有效地表示出分类器对样本的不确定程度. 特别是在多

重参数 (Multiple Parameters) 模型中, 可以直观地看出样本对模型参数的影响程度. 该方法易于选择使模型方差更接近于样本实际分布的样本. 这种样本选择标准被应用于各种主动学习模型当中, 包括神经网络[79]、条件随机场[38] 以及其他概率模型[37,80]. 由于多参数情况下, 费希尔信息函数表现为一个关于样本方差的矩阵, 因此针对费希尔矩阵的计算也有很多研究成果, 包括降低参数空间的维数[78] 等.

另外一种替代性的标准是估计样本的未来期望误差[81], 其具体步骤是对每一个 $\bar{x}$ 进行标注并将其加入到已标注样本集. 算法估计当前概率分布函数 $\bar{p}(x,y)$, 并计算 $\bar{p}(x,y)$ 与实际分布概率 $p(x,y)$ 的期望误差, 最终选择标注使该误差最小的样本. Roy 等[81] 指出在贝叶斯模型下, 该方法使分类精确度提高了 4 倍. 随后, Zhu 等使用这种方法对半监督学习中的样本选择过程进行改进[82]. 目前, 这种替代性策略已经在很多分类模型中得以应用, 例如朴素贝叶斯方法[81]、高斯随机域模型[82] 和逻辑回归模型[83] 等. 表 1-3 同样给出了上述各种样本选择方法的应用领域及其优缺点比较.

表 1-3　基于泛化误差缩减的样本选择方法比较

样本选择方法	应用领域	算法优缺点比较
方差缩减[77]	图像分类	适用于方差简单可得的情况 避免了野点的影响
费舍尔得分[37,78−80]	文本分类 入侵检测 手写数字识别	适用于多重参数模型条件下度量 待选样本的信息含量算法倾向于选择标注后 能使模型方差与真实分布中方差最接近的样本
期望误差缩减[81−83]	文本分类 入侵检测 手写数字识别	有效用于监督学习和半监督学习

1.5　本书主要内容安排

目前, 主动学习研究领域已经涌现出大量研究工作, 这些工作不但从理论角度分析了主动学习对构建分类模型所需样本复杂度的降低程度, 而且从实践角度验证了主动学习在不同分类任务中降低标注代价的实际效果. 本书的内容安排如下:

第 1 章从整体上叙述了主动学习的产生背景和基本工作框架, 并从算法理论和实践两个角度简要介绍了主动学习的已有工作以及各章内容安排.

第 2 章和第 3 章分别讨论了两种适用于噪声数据环境下的加权样本选择方法, 这两种方法的相同之处是利用了样本加权的思想来进行样本选择; 不同点是: 第 2 章讨论了如何从无标注数据集中迭代选择样本, 第 3 章讨论了如何从无标注数据集中成组选择样本.

第 2 章着重介绍了基于模型风险的加权样本选择方法, 在给定标注代价的条件下, 该方法对每个未标注样本设置权重, 使用标注数据与无标注数据上模型风险的期望误差来估计样本对应的权重值, 在每轮迭代中, 根据该值选择最有助于分类模型训练的样本.

第 3 章着重介绍了通过最小化模型风险的方差来构造训练分布, 当给定标注代价时, 该方法对训练数据的分布进行估计, 根据该分布函数来选择一组样本, 建立训练集.

第 4 章和第 5 章分别讨论了两种减少主动学习代价的样本选择和标注添加方法. 这两种方法的相同之处是在保证分类模型期望增益最大的同时尽可能降低系统的学习代价. 根据样本选择过程中代价产生原因的不同, 第 4 章讨论了如何在多个可靠性未知的标注者同时提供标注信息的条件下选择能使学习系统期望增益最大的无标注样本, 即如何降低标注者代价; 第 5 章讨论了如何在未标注数据规模较大的条件下快速选择使学习系统期望增益最大的样本, 即如何降低样本选择的时间代价.

第 4 章着重介绍了多标注者主动学习概率模型, 当有多个标注者同时为所选样本提供标注信息时, 该模型从观察到的噪声标注信息中估计标注者的可靠性, 据此选择可靠的标注者为样本提供标注, 并估计样本对应的正确标注.

第 5 章着重介绍了基于 Hash 数据结构的样本选择方法, 当未标注数据规模较大时, 该方法利用了 Hash 数据结构的特点, 获取未标注样本与分类界面之间的近似距离, 依此快速返回所选样本.

第2章 加权样本选择

主动学习通过选择部分未标注数据训练分类模型而达到降低标注代价和提高分类精度的目的, 在实际任务中, 未标注数据集上样本分布往往与已观察数据分布难以相同. 此时, 样本选择需要对训练样本进行加权来构造一个加权样本空间, 用于分类器训练, 并依据权重来选择未标注样本. 因此, 本章着重介绍了这种样本选择方法.

2.1 方法的提出

在机器学习与数据挖掘领域中, 监督学习使用标注数据训练分类模型, 无监督学习使用无标注数据研究其潜在规律, 而半监督[86,87] 与主动学习同时利用标注数据和无标注数据解决无标注样本廉价易得, 但标注样本获取代价大难度高的实际问题. 其中, 主动学习通过选择部分无标注样本进行标注的方法减少了分类模型在训练过程中获取相同泛化能力所需要的标注代价, 并在各个应用领域获得了广泛的重视[88]. 已有研究表明, 训练一个期望错误率小于 ε 的分类模型, 传统监督学习所需标注复杂度为 $O\left(\frac{1}{\varepsilon}\ln\left(\frac{1}{\varepsilon}\right)\right)$, 而在样本均匀分布无噪声的可达条件下, 采用二分搜索, 主动学习可以使复杂度降低为 $O\left(\ln\left(\frac{1}{\varepsilon}\right)\right)^{[28]}$. 因此, 使用主动学习减少标注代价是机器学习研究的重要方向之一.

虽然目前对主动学习已有一定的研究成果, 但是也面临许多新的问题和挑战. 其中之一是, 当观察数据分布和未标注数据分布不一致时, 如何利用主动学习进行样本选择[89−91]. 例如: 在视频监控任务中, 受到室内外环境的影响, 实验室条件下获取的训练数据与真实环境下采集的数据很难保持完全一致; 在垃圾邮件过滤任务中, 分类器往往使用预先收集的语料库进行训练, 却用于在线实时检测任务; 在遥感图像检测任务中, 检测系统观测到的目标区域的植被环境和光照条件都会对收集的数据产生影响, 导致收集数据与训练数据分布不同. 然而, 该问题的难点在于克服了主动学习样本选择过程中的样本偏置[61,62], 使样本选择方法可以准确地选取有助于分类模型训练的样本, 从而使分类器在该条件下依然可以获得强泛化能力.

　　重要性加权 (Importance Weighted) 技术[54,92] 是解决此问题的方法之一, 即将重要性采样 (Importance Sampling) 技术引入到样本选择过程中, 用于构建加权样本空间. 鉴于这一做法在实际任务中取得了较好的应用效果, 因此, 本书着重介绍这类样本选择方法. 在这一章中, 本书以一种加权样本选择方法为例, 详细介绍这类样本选择方法的工作过程, 包括如何获取权重, 以及选择权重最大的样本标注并加入训练集.

2.2　研　究　动　态

　　如前面所述, 与监督学习一次性标注所有训练数据的做法不同, 起初, 主动学习随机标注少量数据并训练一个分类器, 随后, 使用该分类器预测剩余未标注数据所属类别, 根据该预测结果, 选择部分数据标注后加入训练集, 在更新后的训练集上重新学习分类器, 训练过程与样本选择迭代进行, 直至达到预设的标注代价为止. 目前, 主动学习研究的一个重点是, 如何从训练数据和未标注数据分布无法保证一致的条件下进行有效的样本选择, 这类研究工作大致可以划分为以下两种[51,54].

　　第一种是以 Agnostic Active Learning(A^2 算法) 为代表的 PAC 理论下的主动学习, 其特点在于通过对假设空间的搜索来寻找目标假设, 在搜索过程中, 对标注代价的边界条件进行严格限制, 进而获得比被动学习更少的标注代价[51,56,70,62]. 与其他主动学习相比, 其特点是使用较多的无标注数据确定所选样本的信息含量, 同时放宽了最优假设的存在范围, 并且证明了通过对假设空间进行搜索可以使主动学习比被动学习花费更少的标注代价获得相同的泛化性能, 但是计算量大, 也很难与一些复杂的分类模型相结合[54].

　　第二种是使用重要性加权技术构造一个与样本空间对应的加权样本空间, 为每个样本设定并计算权重, 然后在学习过程中依据权重选择样本[94]. 此类方法充分将已有加权采样技术与主动学习相结合, 计算简单有效, 故受到广泛重视, 在理论分析、算法设计等方面都有很多重要的工作出现. 值得注意的是, 为了有效衡量训练集对分类模型的影响, 算法大多结合密度函数[95-97] 来消除分布差异, 同时考虑密度和边界处样本的分布信息, 目的是选择代表性和不确定性兼具的样本, 从而保持较高的样本选择准确度[72]. 例如, 文献 [54] 在加权空间中计算选择并标注样本后分类模型期望损失的变化, 选择能最大程度改变该值的样本作为查询样本. 但是, 无标注样本在加权空间中的初始权重是一个固定的阈值. 进而, 文献 [92] 改进了这一点, 对样本初始权重进行估计, 并通过有放回采样构造一个无偏的训练集用于解决学习中的风险估计问题, 然而其样本权重依然受限于无标注样本集上风险估计的准确程度, 这取决于训练分类模型的初始标注样本的数量和质量.

2.3 节详细介绍了一种样本选择过程中的权重获取方法, 该方法将分类器的加权风险视作随机变量, 通过最小化加权风险与分类器在无标注样本集上风险的期望误差来获得样本权重, 进而, 选择权重值最大的样本标注并加入训练集. 同时, 为了提高未标注数据分布上分类器风险估计的准确度, 结合基于产生式模型的风险估计技术[93] 对分类器在无标注数据集上的风险进行估计.

2.3 最小化风险期望误差

为了方便读者理解, 本书首先给出训练数据与未标注数据分布相同的条件下, 主动学习的样本选择策略. 在这种环境下, 主动学习的目标是选择使分类器未来泛化误差最小的样本进行标注[77], 使用偏置–方差分解 (Bias-variance Decomposition) 方法[98] 可得

$$
\begin{aligned}
x^* &= \arg\min_x E\left[(\hat{y} - y)^2 \,|\, x\right] \\
&= \arg\min_x \left(\text{Bias}\,(\hat{y})^2 + \text{Var}\,(\hat{y})\right)
\end{aligned}
\tag{2-1}
$$

其中, $\hat{y}$ 是分类器对样本 x 标注的预测值, 当标注数据与未标注数据满足同分布假设时, 分类器是无偏的, $\text{Bias}\,(\hat{y})$ 等于零, 等价于选择能使分类器方差最小化的样本作为查询样本. 当存在分布差异等非理想化条件时, $\text{Bias}\,(\hat{y})$ 不等于零, 选择查询样本必须同时考虑偏置的影响. 一种控

制分类器偏置影响的办法是, 使用分类器的风险代替分类器对样本的预测值, 建立加权空间后, 将加权风险视作随机变量, 选择能使分类器风险期望误差最小的样本进行标注.

2.3.1　基本模型

分类器训练过程是在一个固定分布上优化损失函数的过程, 即通过风险最小化获得分类器泛化能力最大化. 分布偏差对分类器泛化能力的影响体现在风险估计的偏差, 即标注数据上模型的风险最小化不等同于未标注数据上模型风险最小化, 导致分类器无法在应用中获得最大泛化能力. 因此, 这种样本选择的基本思想是利用加权技术选择能准确反映模型在未标注数据集上风险的样本来构造无偏训练集.

假定加权后训练数据集为 $D = \{(x_i, y_i, 1/p_i)\}_{i=1}^{k}$, 其中 x_i 表示训练样本, y_i 表示样本对应标注, $1/p_i$ 是样本 x_i 所对应的权重, 该加权空间上的主动学习框架[12] 为: 在第 k 次迭代中, 根据前 $k-1$ 次迭代所选样本, 估计无标注样本 $\tilde{x}$ 被查询的概率 $\tilde{p}$, 依据 $\tilde{p}$ 选择样本 x_k, 查询其所对应的标注 y_k 后, 将标注后的样本与权重一同加入训练集 $D = D \cup (x_k, y_k, 1/p_k)$.

假定 $p(y|x, \omega)$ 表示参数为 ω 的分类模型 $f(x; \omega)$ 对样本 x 标注为 y 的预测概率, 则 x 的预测标注为 $\hat{y} = \arg\max_y p(y|x, \omega)$. 该预测值 $\hat{y}$ 与正确标注 y 的差异使用损失函数衡量, 表示为 $L(\hat{y}, y)$. 在训练过程中, 若选择 K 个样本标注并加入训练集, 所选样本的加权经验风险为

$$\hat{E}_p = \frac{1}{K} \sum_{k=1}^{K} \frac{1}{p_k} L(\hat{y}_k, y_k) \tag{2-2}$$

假定分类器 $f(x; \omega)$ 与无标注样本 x 间存在 $f_\omega(x) = \omega \cdot x + b$, $x, \omega \in R^d$, 则 $f_\omega(x)$ 与其标注 $y \in \{+1, -1\}$ 间的差异使用损失函数衡量, 表示为 $L(f(x; \omega), y)$, 则模型在无标注样本集上的风险[93] 为

$$E = \sum_{y \in \{-1, +1\}} p(y) \int p(f_\omega(x) = \alpha|y) L(y, \alpha) \, d\alpha \tag{2-3}$$

通过最小化模型的加权风险与其在无标注样本集上风险的期望误差获得权重 p, 即

$$p^* = \arg\min_p E[(E_p - E)^2|x] \tag{2-4}$$

进而, 同样根据偏置–方差分解方法获得

$$p^* = \arg\min_p E[(E_p - E)^2 | x]$$
$$= \arg\min_p (\text{Bias}(E_p)^2 + \text{Var}(E_p)) \tag{2-5}$$

与等式 (2-1) 相比, E_p 表示分类器 $f(x;\omega)$ 从未标注数据分布中选择并标注样本的风险, 因此不存在分布差异导致的偏置问题, 即 $\text{Bias}(E_p)$ 为零, 等价于选择使方差最小化的权值 p 对应的样本进行标注, 从而获得无偏的训练样本集.

2.3.2 算法步骤

本节阐述了如何选取使模型风险期望误差最小的样本, 主要由以下两部分组成: 一部分是, 当待选样本加入训练集后, 使用样本加权的方法准确估计模型对应风险值; 另一部分是使用混合高斯模型计算无标注数据集上模型的风险值. 由于在样本选择过程中, 位于密度较高区域的样本更加具有代表性, 将其加入训练集后更有助于准确估计模型风险, 对分类器泛化能力影响也越大.

假设主动学习通过样本选择过程构造的训练集为 D, 其对应的训练分布为 $p(x,y)$, 则 $p(x)$ 表示该集合上样本 x 的边缘分布, 则在加权空间上标注样本对应的经验风险 E_p 为

$$E_p = \frac{1}{\displaystyle\sum_{x \in D} \frac{1}{p(x)}} \sum_{x \in D} \frac{1}{p(x)} L(\hat{y}, y) \tag{2-6}$$

进而, 在 $\displaystyle\int p(x)\,\mathrm{d}x = 1$ 的条件下, 样本对应权重可以通过对式 (2-5) 中方差最小化问题求解得到

$$p(x) \propto \sqrt{\int [L(\hat{y}, y) - E]^2\, p(y|x,\omega)\,\mathrm{d}y} \tag{2-7}$$

可以看出, 分类器的预测概率 $p(y|x,\omega)$ 接近于 0.5 的样本所对应的 $p(x)$ 值较大, 被选择加入训练集概率较高, 这说明加权样本选择主动学习方法

与其他主动样本选择方法的基本思想是一致的, 即优先选择靠近分类界面的未标注样本. 但是, 风险期望误差最小主动学习方法更进一步考虑了该样本被选择后对模型在无标注数据集上风险 E 的影响.

在式 (2-7) 中, 可以采用基于高斯混合分布的产生式模型计算分类器在无标注数据集上的风险值. 其具体做法如下, 假定在 1-vs-all 的情形下, 无标注样本可选择的类别标注为 $y \in \{+1, -1\}$, 并且样本特征规则化 (即 $b = 0$). 分类器 $f(x; \omega)$ 与无标注样本 x 间存在 $f_\omega(x) = \sum_{i=1}^{d} \omega^i \cdot x^i$ (d 表示样本维度), 则 $f_\omega(x)$ 与 y 之间的概率关系满足混合高斯分布模型 [94]. 当 y 为正类时, $f_\omega(x)|y \sim N(\mu_+, \sigma_+)$, μ_+, σ_+ 分别表示正类的均值和方差; 当 y 为负类时, $f_\omega(x)|y \sim N(\mu_-, \sigma_-)$, μ_-, σ_- 分别表示负类的均值和方差. 则使用极大似然估计方法求该模型参数 μ_y, σ_y 的过程如下:

$$\left(\mu_y^*, \sigma_y^*\right) = \arg\max_{\mu_y, \sigma_y} \sum_{i=1}^{n} \log \sum_{y \in \{-1, +1\}} p(y) p_{\mu_y, \sigma_y}\left(f_\omega(x)|y\right) \tag{2-8}$$

其中, n 为无标注样本的数量. 从而, 可以得到 $p(f_\omega(x)|y)$, 则式 (2-3) 中模型在无标注数据集上的风险可求.

事实上, 在每轮主动学习算法迭代过程中, 模型在无标注数据集上风险 E 的大小体现了分类器在测试分布上泛化能力的高低. 在权重估计过程中, 权重大小与 E 值减少程度直接相关, 这与分类器学习过程中基于结构风险最小化来优化模型参数的思想是一致的. 随着选择样本数量增加和分类器精度的提高, 二者目的一致并相互促进, 共同减少了训练所需的标注代价.

2.3.3　算法分析

如 2.3.1 节和 2.3.2 节所述, 最小化风险期望误差的样本选择方法是以分类器在标注数据集上加权后的经验风险与其在无标注数据集上风险间的期望误差作为标准, 选择能最大化程度减少该期望误差的权重对应样本加入训练集. 通过主动学习的迭代采样, 构造无偏训练集, 对分类器进行训练, 从而避免标注数据分布与未标注数据分布不同对分类器训练的负面影响. 为了使读者能够更好地理解这加权样本选择方法, 图 2-1 给出了该样本选择方法的具体步骤.

最小化风险期望误差主动样本选择方法
输入: 标注集合 Y, 无标注数据集 U, 标注代价 M.
输出: 训练好的分类器 $f(x;\omega)$.
初始化: 随机选择少量无标注样本, 标注后组成初始训练集 D, 标记代价 $m\leftarrow 0$.
Step 1: 在训练集上学习分类器 $f(x;\omega)$.
Step 2: 使用分类器 $f(x;\omega)$ 对无标注数据集 U 中的样本进行预测, 获得 $f_\omega(x)$ 和预测概率 $p(y\|x,\omega)$, 其中 $x \in U, y \in Y$.
Step 3: 计算 $f(x;\omega)$ 在无标注数据集上的风险 E.
(a) 根据 Step 2 中得到的 $f_\omega(x)$, 使用等式 (2-8) 估计混合高斯分布模型参数, 并获得 $p(f_\omega(x)\|y)$.
(b) 使用等式 (2-3) 计算模型在无标注数据集上的风险 E.
Step 4: 计算每个无标注样本权重.
(c) 根据 $p(y\|x,\omega)$ 和 E, 使用等式 (2-7) 计算权重 $p(x)$.
(d) 根据无标注数据集 U 中样本对应的 $p(x)$ 值选择 x^* 并查询标注 y^*.
Step 5: 更新数据集 $D=D\cup\{x^*, y^*, 1/p^*\}$, $U=U-x^*$, $m\leftarrow m+1$.
Step 6: 重复 Step 1 至 Step 5 直至标注代价 m 达到 M 为止.

图 2-1 最小化风险期望误差的样本选择方法

假设数据集规模为 K, 维度为 d. 样本选择的时间复杂度包括两个阶段的时间代价, 第 1 阶段, 在标注数据集 D 上训练分类器 $f(x|\omega)$ 所需花费的时间代价 $T_c(f(x|\omega);|D|)$, 使用分类器对无标注样本进行预测的代价 $T_t(f(x|\omega);|U|)$, 其中 $|D|+|U|=K$, 二者都由具体选择的分类器 $f(x|\omega)$ 决定. 第 2 阶段, 估计无标注样本风险花费的代价主要取决于混合高斯模型的代价 $O(2d|U|)$. 因此, 当标注代价为 M 时, 最小化风险期望误差的样本选择方法对应时间复杂度为 $O(M \times (T_c(f(x|\omega);|D|)+T_t(f(x|\omega);|U|)+2d|U|))$.

可以看出, 最小化风险期望误差的样本选择方法的特点是, 无标注样本的选择过程不仅考虑了样本与分类界面的距离, 同时也考虑了样本在未标注数据分布中对分类器风险的影响. 因此, 在选择标注相同数量的样本时, 最小化风险期望误差样本选择过程可以构造比其他方法更加有效的训练集, 使得分类器的精度更高. 当训练分类器达到相同泛化能力时, 最小化风险期望误差的样本选择方法所需标注样本的数量更少.

2.4   实验与讨论

为了方便读者比较加权样本选择方法与其他样本选择方法的性能优劣, 本书在这一节中对其性能进行了比较. 本节选择了三种不同的数据集, 分别是: ①人工数据集; ②遥感图像 Landmine 数据库; ③手写数字识别图像库 (MNIST 和 USPS). 由于使用了密度函数作为样本权重, 本节使用了逻辑回归等线性判别模型[95−97] 作为分类器. 同时, 本节选取了常用的几种主动样本选择方法进行比较:

- 随机采样 (Random), 使用均匀采样随机选择样本;
- 基于不确定性采样 (Uncertain), 使用

$$x^* = \arg\min_x |p(y|x,\omega) - 0.5| \tag{2-9}$$

  作为样本不确定度的衡量标准;

- 最小化风险期望误差采样 (Minimizing Expected Error, MER), 使用最小化风险期望误差标准选择样本.

首先, 本书以一个两类分类问题为例, 对以上几种主动样本选择方法选取并标注样本的特点及其对分类界面的影响进行直观展示. 该数据集的构成如下: 在二维空间中, 包含两类共计 1000 个数据点, 其中正、负类别的均值为 $(-5,0)$ 和 $(5,0)$, 方差均为 5; 正类所占比例为 40%, 负类所占比例为 60%. 初始化阶段, 随机选择一个正类和一个负类构成初始训练集, 训练一个逻辑回归分类器; 随后使用 MER 算法, Uncertain 算法和 Random 算法分别选择并标注相同数量样本加入训练集, 重新训练分类器; 最后比较算法的分类精度. 在本书中, 图 2-2-(a) 的绿色点表示负类, 红色点表示正类, 黑色方块表示初始训练样本, 并使用蓝色虚线画出初始分类界面. 图 2-2-(b-1) 和图 2-2-(b-2) 分别表示运行 MER 方法后选择 50 个和 100 个样本的实验结果, 图 2-2-(c-1) 和图 2-2-(c-2) 表示运行 Uncertain 方法后选择 50 个和 100 个样本的实验结果, 图 2-2-(d-1) 和图 2-2-(d-2) 表示运行 Random 方法后选择 50 个和 100 个样本的实验结果. 这两组图分别在图 2-2-(a) 的基础上, 使用黑色点表示所选样本的位置, 使用黑色实线画出训练后的分类界面. 最终, 表 2-1 列出了

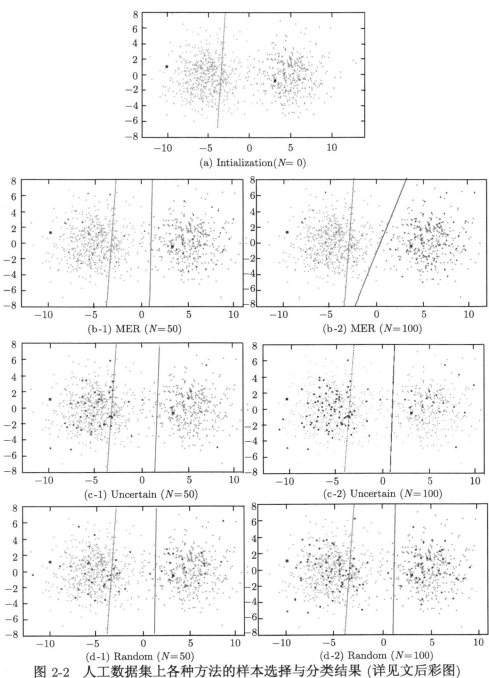

(a) Intialization($N= 0$)

(b-1) MER ($N=50$)   (b-2) MER ($N=100$)

(c-1) Uncertain ($N=50$)   (c-2) Uncertain ($N=100$)

(d-1) Random ($N=50$)   (d-2) Random ($N=100$)

图 2-2　人工数据集上各种方法的样本选择与分类结果 (详见文后彩图)

N 表示选择并标注样本数量

MER 方法、Uncertain 方法和 Random 方法的分类错误率信息.

表 2-1　人工数据集上各个样本选择方法对应分类错误率
(N 代表选择并标注样本数量)

样本选择方法	标注比例 5%($N = 50$)			标注比例 10%($N = 100$)		
	正类样本数	负类样本数	错误率	正类样本数	负类样本数	错误率
MER	11	2	**0.013**	5	7	**0.012**
Uncertain	19	0	0.019	16	2	0.018
Random	19	1	0.020	19	1	0.020

　　从图 2-2(a) 中两个样本所在位置可以看出, 这两个样本都不能准确代表所属类别的分布情况, 所构成标注数据分布与未标注数据分布存在差异. 从图 2-2(b-1) 与图 2-2(c-1), 图 2-2(d-1) 的对比看出：在标注代价相同的条件下, MER 方法比 Uncertain 方法、Random 方法训练获得的分类器准确率更高; 在样本选择上, Random 方法所选样本分布较为均匀, Uncertain 方法所选样本大多位于初始分类界面附近的负类高密度区域, 选择负类数量远大于正类, 而 MER 方法则准确选择标注远离初始分界面的正类区域的样本, 说明 MER 方法在样本选择过程中考虑了分布差异的影响, 较少受到初始分类界面偏差的干扰. 从图 2-2(b-2) 和图 2-2(c-2), 图 2-2(d-2) 的对比看出：当标注样本数量都增加到 100 个, MER 方法错分样本数量依然少于 Uncertain 方法和 Random 方法, 而且分类界面准确通过样本稀疏区域, 而 Uncertain 方法与 Random 方法效果不好的原因是其选择位于类别相交的稀疏区域内样本数量小于 MER 方法, 而该处样本是对分类器训练最有利的. 在表 2-1 中, Uncertain 方法错分正类样本数远大于负类样本数, 而从图 2-2(c-1) 和图 2-2(c-2) 中所选样本位置观察可见：Uncertain 方法所选样本大多是位于初始分类界面 (蓝色虚线) 附近的负类, 说明该方法受限于初始分布偏差的影响. 在表 2-1 中, MER 方法对正负类样本数随标注数量增加而趋近于相等, 说明该方法有效遏制了分布偏差的影响. 另外, 在图 2-2(b-1) 和图 2-2(b-2) 中, MER 方法选择标注正类样本数高于负类, 原因是正类密度较高区域与正确分类界面的距离更近, 相对于初始分类界面而言, 正类对寻找正确分类界面的影响要大于负类, 这与 MER 方法同时考虑样本与分类面距离和密度的做法是一致的. 从表 2-1 中可以看出, 当标注样本代价相同

时 ($N = 50$ 或 $N = 100$), MER 方法都比 Uncertain 方法的分类错误率低, 说明在标注代价相同时, MER 方法获得更高的分类精度.

为了更加方便地展示这一样本选择方法在实际任务中的效果, 本书使用了两个真实数据集: ①真实条件下的遥感图像分类任务 (Remote Sensing Problem); ②手写数字识别任务 (Handwritten Digits Recognition), 进一步展示了以上几种样本选择方法的性能. 这些数据集说明如下:

(1) 遥感图像分类任务: 实验数据来自遥感图像公用库 Landmine Database [1,2], 库中数据来自 29 个不同地区, 将每个地区的图像提取特征后, 组成一个数据集. 相同类型的地区具有相似的类别分布, 但是由于光照和地区不同, 同类型地区的特征数据集分布也不完全相同. 根据地区所属类型不同, 这里构造了两组实验. 第 1 组: 选择 5 组来自于矿藏贫瘠或沙漠地区 (Bare Earth or Desert Region) 的数据集, 选择一个作为测试集 (包含样本数量 450 左右), 剩余四个组成无标注样本集合 (包含样本数量 1800 左右), 选择一个正类样本一个负类样本组成初始标注数据集, 一共五次实验 (Task 1 至 Task 5); 第 2 组: 选择 10 组来自于矿藏丰富地带 (Foliated Region) 的数据集, 将其分为两个未标注图像数据较大集, 一个作为测试集 (包含样本数量 2500 左右), 另一个作为无标注样本集 (包含样本数量 3000 左右), 选择 10 个样本组成初始训练集, 其中至少包含一个正例 (Task 6). 每个实验进行 10 次并取分类精度的平均值, 最终选取六个实验的平均值进行比较.

(2) 手写体识别任务: 实验数据来自 MNIST 和 USPS 手写数字图像集①, 这两个库中分别包含大量数字 0~9 的手写数字图像, 这里选择其中较难区分的数字 4 和数字 9 组成一个两类的识别任务. 其中, MNIST 任务集包含图像数目为 13782 幅, USPS 任务集包含图像数目为 2200 幅. 本书将任务集中的图像大小统一缩放为 16×16, 并提取图像的灰度值作为特征. 实验包括两组, 第 1 组: 使用 USPS 图像集作为测试集, 使用 MNIST 图像集作为训练集, 并从 MNIST 图像集中随机选择一个正类和一个负类组成初始标注数据集, 并将剩余样本用作无标注数据集; 第 2 组: 使用 MNIST 图像集作为测试集, 使用 USPS 图像集作为训练集, 同

---

① 数据获取地址: http://www.cs.toronto.edu/~roweis/data.html

样, 从 USPS 图像集中随机选择一个正类样本和一个负类样本组成初始训练集, 并将剩余样本用作无标注数据集. 每组实验同样进行 10 次并选取分类精度的平均值进行比较.

在以上两个任务的每个实验中, 分别使用: ① Random 方法; ② Uncertain 方法; ③ MER 方法, 从无标注数据集中选择不同数量的样本进行训练, 在未标注数据集上测试并记录分类模型的精确度. 使用逻辑回归模型作为基准分类器, 每个实验进行 10 次并取分类精度的平均值. 图 2-3 给出了各组实验中, 代价不同时, 各个样本选择方法对应的分类性能的比较. 其中, 横轴表示选择并标注样本的数量, 纵轴表示测试集上的分类精度和分类精度的增益. 使用红线、蓝线和绿线分别画出 MER 方法, Uncertain 方法和 Random 方法随标注样本数量增加, 各个方法对应分类精度和增益值的变化情况.

从图 2-3(a-1) 看出, 当标注样本数量少于 10 时, Random 方法性能最好, 这是因为 MER 方法和 Uncertain 方法都对靠近分类界面的样本具有倾向性, 所以, 如果该区域有噪声数据, 那么 Random 方法就具有优势. 但是, 当标注数据的数量大于 10 之后, MER 方法性能要远远高于其余两种, 这说明 MER 方法考虑了模型在无标注数据集上的风险, 并选择能够使风险误差最小的加权样本, 使得模型训练过程可以很快摆脱噪声数据的影响. 从图 2-3(a-1) 和图 2-3(b-1) 中可以看出, 在最初几轮训练中, MER 方法的分类精度波动较大, 分类精度曲线出现凹陷区域, 这是因为当训练数据与测试数据分布有差别时, 选取标注样本过少而无法构造一个相对准确的无偏分布. 但是, 随着选择样本数量逐渐增加, MER 方法的分类性能逐步稳定, 并且比其他两种方法在分类精度上有更显著的提高. 当 MER 方法性能达到稳定后, 模型的分类精度明显高于 Uncertain 方法和 Random 方法, 说明在标注代价相同时, 分类器的分类精度更高, 泛化能力更强. 从数量上比较, 在 Landmine 数据集上, MER 方法标注样本数量在 40 左右就可以使分类精度稳定并接近于最大分类精度, 相对无标注数据池中 1800～3000 个无标注样本而言, 标注样本数量相对较少. 在 USPS 测试集上, MER 方法获得稳定分类精度所需标注样本的数量是 60～70, 而无标注数据池包含样本数量多于 13000. 值得注意的是, 在图 2-3(b-2) 中, Random 和 Uncertain 方法的增益出现了负值, 这说明当无标注样本数量很大而标注代价较少时, 这两种方法很难构造有效训练集并训练一个无偏分类器. 其中, Uncertain 方法选择样本受到初始标注数据集的影响, 当标注数据分布有差异时, 需要比可达条件下更高的标注代价才能获得分类性能的提高. 在 MNIST 测试集上, 虽然 Uncertain 方法获得了比 MER 方法更高的分类精度, 但是, Uncertain 方法的性能变化差异较大, 而 MER 方法性能则相对稳定. 从图 2-3(b-2) 和图 2-3(c-2) 的比较可以看出, 无标注数据池包含样本数量对不同样本选择方法的性能有着很大的影响, 并对样本选择有更高的要求. 相对于其他两种方法, MER 方法都在标注代价为 60~70 时就构造一个无偏的训练集, 使分类器在较低的标注代价下获得较好的分类性能, 当分类性能达到稳定并接近于最大分类精度时, MER 方法所需标注样本数量明显少于其他两种方法.

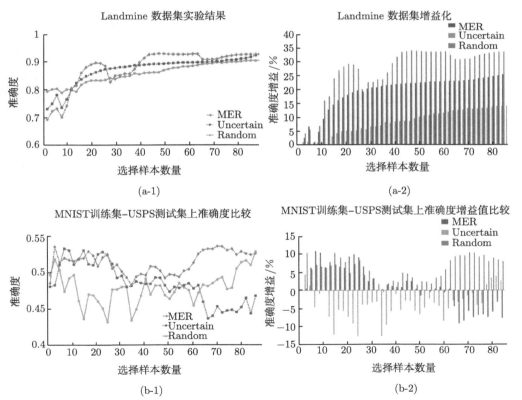

(a-1)

(a-2)

(b-1)

(b-2)

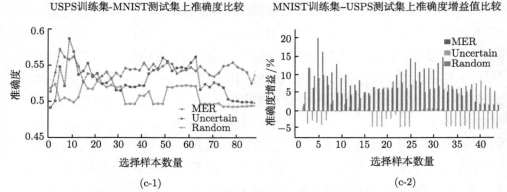

USPS训练集-MNIST测试集上准确度比较　　　MNIST训练集–USPS测试集上准确度增益值比较

(c-1)　　　　　　　　　　　(c-2)

图 2-3　Landmine, MNIST 和 USPS 图像库实验结果图

(详见文后彩图)

　　主动学习目的是在标注代价较少的条件下获得分类模型的更好性能. 目前, 主动学习的一个研究重点是, 如何从观察数据和未标注数据分布不同的条件下准确选取最有助于分类模型训练的样本. 这类主动样本选择方法众多, 本书着重介绍了加权样本选择这类方法, 并以最小化分类模型风险期望误差这种样本选择方法为例, 向读者介绍了加权样本选择技术的工作过程. 该方法对分类器在所选样本集合上风险进行加权, 使用加权经验风险与无标注样本风险间期望误差作为标准, 选择使该误差最小的权重对应样本加入训练集. 这一做法的思想是将分类模型训练过程与主动学习中的样本选择过程相结合, 相互促进. 最后, 为了使读者更加直观地看出加权样本选择技术与其他样本选择技术的不同, 本书在三种不同的数据集上将其与其他几种常用的样本选择方法进行了比较, 说明该样本选择方法的有效性和可行性.

第3章 分布优化样本选择

第 2 章介绍了一种加权样本选择方法, 用于迭代构造训练集. 为了减少这一过程所需时间开销, 在这一章中, 本书介绍一种成 "批" 选择样本的训练集构造方法, 即通过最小化模型风险的方差来优化训练数据分布, 依据该分布选择一组样本, 标注后用于学习分类模型.

3.1 问题的提出

互联网技术的发展使得短时间内收集大量网络数据成为可能, 而从这些数据中提取有效的语义信息, 并对其包含的语义内容进行分类, 进而, 从中检索到同类别数据, 成为一个艰巨的任务和富有挑战性的课题. 这一任务往往被看作是模式识别或机器学习中的分类问题, 即提取数据的语义特征, 建立训练数据集, 设计有效的机器学习算法和模型, 使用训练好的分类模型对无标注数据指派对应类别.

在该过程中, 收集足够的带有精确标注信息的数据用于分类模型的训练过程是十分重要的, 但是, 对无标注数据提供精确标注却需要消耗大量的人力、物力、时间和精力代价. 已有的训练集构造方法大多数是建立在被动学习 (Passive Learning) 算法之上, 即从无标注数据集中随机选择部分样本, 交由标注者提供标注信息, 这一做法不仅增加了建立训练集的总标注代价, 同时面临的问题是: 在随机样本选择过程中, 训练集中的每一个样本被选择的概率是相等的, 即训练集是通过均匀采样得到的. 但是, 对于某一类别, 如果数据库中只有极少量样本属于该类别, 而大部分样本不属于该类别, 则使用均匀采样得到的训练集将包含大量不属于该类别的样本. 在二分类问题中, 因为训练集包含大量负类样本, 导致了正负类训练分布极度不平衡, 此时, 分类模型的预测结果往往向样本数量较大的类别倾斜, 学习算法往往很难从无标注样本集合中学习一个完美的分类模型. 特别是学习一个包含样本数量稀少的类别的, 样本选择方法往往需要找到能使分类模型错误率最小的样本加入训练集. 因此, 恰当地设计训练数据分布, 使主动学习可以依据该数据分布选择样本, 减少不必要的负类样本数量, 不但可以降低学习过程所需的标注代价, 而且可以解决训练集上正负类不平衡的问题.

为了克服上述被动学习中随机样本选择过程存在的问题, 主动学习试图利用简单易得的无标注数据包含的潜在信息, 通过选择部分最有助于分类模型训练的样本进行标注并建立训练集, 从而降低训练分类模型所需要的标注复杂度, 目的是以尽量少的标注数据训练出令人满意的分类模型. 这些工作可以大概划分为两大类别: 迭代样本选择和分布优化样本选择. 在迭代样本选择过程中, 正如第 2 章所介绍的, 分类模型训练和查询最有信息含量的样本是迭代进行的, 分类模型的性能是逐步提高的. 在每一个迭代步中, 对样本信息含量的预测过程依赖于前次循环中分类器的训练结果, 在分布优化样本选择过程中, 训练样本的选择依赖于估计得到的分布函数, 主动学习成 "批" 选择样本. 很明显, 这一做法更加适用于并行标注环境或者多个标注者同时在线的情况. 与此同时, 很多在线标注工具, 如 LabelMe[99], 通过多个标注者同时在线提供标注的方式, 显著缩短了收集标注信息所需要的时间.

第 2 章着重介绍了如何使用加权策略进行样本选择, 可以看出, 利用分类模型的风险和加权策略可以克服分布差异对样本选择过程的影响. 因而, 本章着重介绍如何使用分布优化方法来构造主动学习的训练集. 同时, 大多数分类模型, 例如 SVM[100] 及其他稀疏模型, 是通过结构风险最小化策略来确定其分类界面的. 故本书以一种基于模型风险方差最小化的样本选择方法为例, 即将分类模型的结构风险视作随机变量, 通过最小化其对应的方差来估计训练数据分布函数, 从而获取待选样本, 力图使读者能够理解分布优化样本选择方法的整个过程.

3.2　样本选择过程

为了减少迭代样本选择过程中的时间花销, 分布优化样本选择方法通过设计分布函数, 一次选取多个样本提交标注, 从而减少了迭代次数. 假定 $X = \{x_i\}_{i=1}^m$ 表示训练样本, $Y = \{y_i\}_{i=1}^m$, $y_i \in \{+1, -1\}$ 表示这 m 个样本对应的类别标注, 则在训练数据集 $D = \{(x_i, y_i)\}_{i=1}^m$ 上学习一个

分类器, 其分类函数可表示为 $f_w : X \to Y$, 其中

$$f_w(x) = \arg\max{}_y p(y|x, w) \tag{3-1}$$

假定训练样本已经规则化, 分类函数为逻辑回归函数, 则

$$p(y|x, w) = \frac{1}{1 + \exp(-y \cdot w^{\mathrm{T}} x)} \tag{3-2}$$

通常情况下, 模型参数 w 可以通过最小化训练数据集 D 上的逻辑损失函数的期望风险得到

$$\min_{w} \frac{1}{m} \sum_{i=1}^{m} \log\left(1 + \mathrm{e}^{-y_i \cdot w^{\mathrm{T}} x_i}\right) \tag{3-3}$$

样本选择过程需要在训练集 D 上估计一个分布函数 $p(x)$, 进而, 利用该分布函数从无标注样本池中成 "批" 选择样本. 假定无标注样本池为 $U = \{x_i\}_{i=m+1}^{m+n}$, 即无标注样本池中所有无标注样本的分布为 $p(x, y)$. 同时, 假定主动学习选择并标注一组样本 S, 其分布为 $\hat{p}(x, y) \sim \{(x_i, y_i)\}_{i=n+1}^{n+s}$, 则根据变分公式

$$p(x, y) = \frac{p(x)}{\hat{p}(x)} \hat{p}(x, y) \tag{3-4}$$

在式 (3-4) 中, $p(x)$ 是无标注样本的先验分布, $\hat{p}(x)$ 是所选样本集 S 中样本的先验分布. 因此, 主动学习需要估计 $\hat{p}(x)$, 并依据 $\hat{p}(x)$ 选择一组样本. 由于 $p(x)$ 是未标注数据分布函数, 直接对其进行估计是十分困难的. 根据重要性采样技术, 未标注样本池 U 可以视作整个样本空间中的一个随机子集, 即 $p(x) \sim U(0, 1)$. 同样, 利用 $\dfrac{1}{\hat{p}(x)}$ 作为加权空间上样本对应权重, 则分类模型加权后的经验风险可以描述为

$$R_D(w) = \frac{1}{Z} \sum_{i=1}^{m} \frac{1}{\hat{p}(x_i)} \log\left(1 + \mathrm{e}^{-y_i \cdot w^{\mathrm{T}} x_i}\right) \tag{3-5}$$

其中, $Z = \displaystyle\sum_{i=1}^{m} \frac{1}{\hat{p}(x_i)}$ 是规则化系数. 根据文献 [101], 分类模型的期望风险可以使用下式估计

$$R_U\left(w\right) = \sum_{y\in\{-1,+1\}} p\left(y\right)\cdot R_U\left(w|y\right) \tag{3-6}$$

其中

$$R_U\left(w|y\right) = \sum_{i=m+1}^{m+n} \log\left(1+\mathrm{e}^{-y_i\cdot w^{\mathrm{T}}x_i}\right)\cdot N\left(w^{\mathrm{T}}x_i;\mu_y,\sigma_y\right) \tag{3-7}$$

参数 μ_y,σ_y 可以通过无标注样本集上, 最大化高斯混合模型似然函数计算得到. 继而, $\hat{p}\left(x\right)$ 的计算式为

$$\hat{p}^* = \arg\min_{\hat{p}} E\left[R_D\left(w\right)-R_U\left(w\right)\right]^2 \tag{3-8}$$

根据偏置–方差分解准则, $\hat{p}^*$ 可以通过最小化风险方差获得, 即

$$\hat{p}^* = \arg\min_{\hat{p}} \mathrm{Var}\left(R_D\left(w\right)\right) \tag{3-9}$$

其中, $R_D\left(w\right)$ 是加权后的分类模型经验风险, $\hat{p}^*$ 是所选样本的先验分布. 样本选择方法根据 $\hat{p}^*$ 选择一组样本, 这里, 使用 $\hat{p}\left(x\right)$ 表示规则化后的概率, 则上式的优化解[92] 为

$$\hat{p}\left(x\right) \propto \sqrt{\int \left(l-R_U\left(w|y\right)\right)^2\cdot p\left(y|x,w\right)\mathrm{d}y} \tag{3-10}$$

其中, $l = \log\left(1+\mathrm{e}^{-y\cdot w^{\mathrm{T}}x}\right)$.

与其他最小化模型参数 w 或模型预测标注 $\hat{y}$ 的方差这类样本选择方法不同, 本书介绍了一种依据最小化分类模型的结构风险的方差来进行样本选择的方法. 与其他同类样本选择方法相比, 首先, 此方法更加适用于各种复杂模型, 特别是当无标注样本集合上的分布很难估计时; 其次, 该样本选择方法利用了分类模型提供的 $p\left(y|x,w\right)$ 值来计算无标注样本的不确定程度, 同时结合了无标注样本集上模型的损失函数, 这使得主动学习在选择最不确定的无标注样本的同时, 也避免了对当前模型的依赖, 无需迭代选择样本; 最后, 有助于分类模型训练的样本获得了较高的概率, 样本的信息含量多少与其在无标注样本池中的先验概率大小是一致的, 这也是最有代表性的样本, 因此, 选择这些样本构造训练集是可靠

的. 为了方便读者理解此样本选择方法的具体过程, 图 3-1 给出了方法的具体工作过程.

最小化风险方差的优化分布样本选择方法
输入: 无标注样本池 U.
输出: 分类模型 C, 训练数据集 D.
// 训练过程
1: 在训练数据集 D 上学习一个逻辑回归模型 $f_w(x)$, 获得模型参数向量 w.
2: 使用该分类模型对无标注样本池 U 中样本进行预测, 获得每个样本对应的后验概率 $p(y\|x, w)$.
// "批" 采样过程
Step 1: 无标注样本池上分类模型的风险估计
3: 在无标注样本集上分别估计参数 μ_y, σ_y, 其中, $y \in \{+1, -1\}$.
4: 使用公式(3-6)和公式(3-7), 计算风险 $R_U(w)$.
Step 2: 估计优化训练分布
5: 使用公式(3-10)计算训练分布函数 $\hat{p}(x)$.
6: 根据计算出的 $\hat{p}(x)$ 从无标注样本集 U 中选择样本组成训练样本集 D.
// 标注所选样本并建立训练集
7: 为每个 $x^* \in D$ 添加对应标注 y^*.
输出分类模型 C, 训练样本集 D.

图 3-1　最小化风险方差的优化分布样本选择方法

3.3　图像分类应用

与第 2 章类似, 本章同样在一组数据集上对最小化风险方差的样本选择方法与其他样本选择方法进行了比较. 在样本选择方法上, 本书选择了最为常用的被动学习中的随机样本选择方法 (Uniform) 与之进行比较, 两种样本选择方法如下:

- Uniform: 随机选择一组无标注样本.
- Active: 使用算法 3-1 主动选择一组无标注样本.

在数据集的选择上, 本书选择了 PASCAL VOC 2007 数据集, 该数据集中包含 20 个不同的对象类别, 共计 9963 幅图像, 这些图像被划分为三个子集: 训练数据集 (2501 幅图像), 验证数据集 (2510 幅图像) 和测试数据集 (4952 幅图像)[11]. 本书使用了 PASCAL VOC 2007 图像库中所有对象类别, 通过一对多的设置, 将多类别问题转化为多个二分类问题.

　　首先, 本书将训练数据集和验证数据集组成一个无标注样本池, 测试数据集保持不变, 用于测试分类器的泛化性能. 对于每个两类问题, 从无标注样本池中, 每类随机选择 10 幅图像, 共计 200 幅图像, 组成初始训练集, 剩余图像作为无标注样本池. 在每个分类问题中, 首先, 在初始训练集上训练获得一个分类器, 然后分别使用随机采样和主动采样从无标注样本池中选择相同数量的图像加入初始训练集, 在扩大后的训练集上重新训练分类模型, 并在测试集上获得分类结果. 与上一节类似, 本书同样使用逻辑回归模型[3] 作为分类模型, 每组实验重复 10 次, 取平均结果进行比较.

　　图 3-2 给出了在其中六个类别上, 两种样本选择方法的性能比较. 这六个类别的共同特点是: 包含较少的正类样本, 但是负类样本的数量很多, 因而, 分类模型的分类精度很低[11]. 通过使用平均精确度 (Average Precision, AP) 作为标准, 度量算法的实际性能.

- 平均精确度: 分类模型在测试集上获得 Precision-Recall 曲线与坐标轴围成的面积.

　　本书分别给出了主动样本选择和随机样本选择这两种样本选择方法的实验结果. 在所选样本数目不同的条件下, 使用两种样本选择方法分别选取样本来构造训练集, 在其上学习分类模型, 最后使用相同的测试集分别检验所得模型的 AP 值. 本书为了进一步说明不同的样本选择方法对分类器性能的提升程度, 使用分类模型在初始训练集上的平均精确值 ($AP_{initial}$) 作为基准值, 比较这两种方法各自对系统分类性能提升的增益 ($AP_{improvement}$) 如下

$$AP_{improvement} = \frac{AP_{Active} - AP_{initial}}{AP_{initial}} \times 100\% \qquad (3\text{-}11)$$

其中, AP_{Active} 和 $AP_{Uniform}$ 分别表示主动采样和均匀采样在各自训练集上平均精确度.

　　在图 3-2 中, 可以看出, 本书所介绍的优化分布样本选择方法可以快速发掘样本的不确定性, 从而根据所估计的训练分布选择最有帮助的样本加入训练集. 当训练集中包含样本数量不同时, 主动样本选择比随机样本选择在大多数类别上获得了更高的增益值. 随机样本选择训练分类模型效果较差, 这是因为 PASCAL VOC 2007 图像集上, 这几个类别包

含的正类样本数量很少, 通过随机样本选择方法获得训练集上负类样本数量较多, 训练分类模型精度很低. 但是, 主动样本选择过程通过估计训练分布解决了该问题, 提升了分类模型的精度.

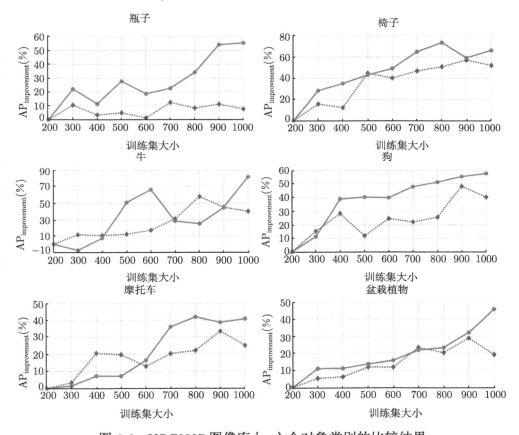

图 3-2 VOC2007 图像库上, 六个对象类别的比较结果

该增益值使用 $AP_{initial}$ 作为基准值进行比较. 实线表示 AP_{Active} 方法增益值变化情况, 虚线表示 $AP_{Uniform}$ 方法增益变化情况

图 3-3 对随机采样和主动采样这两种样本选择方法在六个对象类别上的平均性能进行了比较. 从图 3-3 左图中, 可以看出, 主动样本选择方法可以有效地提升分类模型在分类任务中的平均精度, 随着训练集中样本数量的增加, 分类模型的增长率也远大于随机样本选择方法. 为了说明主动样本选择方法相对于随机样本选择方法对分类模型增长率的影响, 图 3-3 右图给出了在每个对象类别上, 主动采样与随机采样算法增长

率的比值, 进行比较.

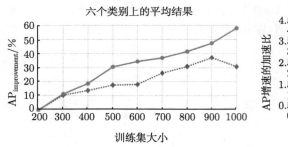
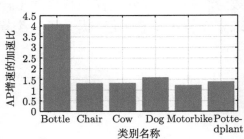

图 3-3   左图: 六个类别上平均 AP 值随训练集大小变化, 实线和虚线分别表示 AP_{Active} 和 $AP_{Uniform}$. 右图: 六个类别上平均 AP 增益值的加速比, 在每个对象类别上, 加速比为 AP_{Active} 值除以 $AP_{Uniform}$ 的值

最后, 为了进一步说明这两种样本选择方法的性能特点, 本书选择并标注无标注样本池中共计 5011 幅图像, 组成训练集, 并在其上训练分类模型 (Train-with-all), 在测试集上测试该分类模型, 获得 Train-with-all 方法与初始值相比的增益值 AP_{Total} (Total). 同样使用 AP_{Total} 值作为标准, 与所提出的主动样本选择方法对应的 AP_{Active} 值进行比较 (此时, 主动样本选择方法构造的训练集大小为 1000, Train-with-all 方法的训练集大小为 5011), 表 3-1 对此比较结果进行了展示.

表 3-1   **Active 方法和 Train-with-all 方法的平均精度增益值比较**

对象类别	Active/%	Total/%
Bottle	55.45	**67.68**
Chair	**66.15**	33.90
Cow	**81.93**	62.32
Dog	**57.76**	55.59
Motorbike	**40.98**	26.72
Pottedplant	**45.71**	2.21

注: Active 表示当训练集大小为 1000 时, AP_{Active} 的增长值. Total 表示当训练集大小为 5011 时, AP_{Total} 的增长值

从表 3-1 中可以看出, 在六个对象类别上, 主动样本选择方法比 Train-with-all 方法可获得更好的平均精度增益值, 但是, 所需要的标注代价仅为后者的 20%. 造成这一现象的原因是, 在训练过程中, 随机添加无标

注图像用于建立训练集的同时也增加了训练集中噪声样本的数量, 这导致了分类模型的性能难以随训练集中样本数量的增加而提高. 同时, 在 Pottedplant 对象类别上, Total 的增长率明显小于其他类别, 这是因为 Pottedplant 类别上, 包含该类别的图像数量很少, 并且往往与其他对象类别同时存在于一幅图像中, 使得添加训练集中图像数量的同时, 也更大程度增加了噪声样本的数量. 然而, 与之不同的是, 主动样本选择方法在通过优化分布选择最具有代表性样本时也避免选择噪声样本, 因此建立了更加有效的训练集, 并在标注代价更小的条件下, 获得了精确度更高的分类模型.

因此, 与随机采样的被动学习方法不同, 本书介绍的最小化模型风险方差的主动样本选择方法可以根据不同的对象类别, 主动地向标注者寻求监督信息, 从而有针对性的提高当前分类模型的泛化能力. 这一做法为分类系统的构建过程提供了良好的依据, 即从少量标注样本中学习一个强泛化能力的分类模型.

与第 2 章类似, 本章依然介绍了一种主动样本选择方法, 即最小化模型风险方差的主动样本选择方法, 该方法根据当前观察到的标注数据来估计所需要样本的训练分布函数, 进而根据该分布选择部分未标注样本, 添加标注信息后, 建立训练集. 不同的是, 该方法通过最小化模型风险的方差来估计所需训练分布函数, 使得样本选择方法可以适用于更多的分类模型训练. 与第 2 章中介绍的加权样本选择方法的相同之处是, 这一样本选择方法也同样对每个未标注样本分配权重值, 并依此判断此样本被选择概率的大小, 进而, 从包含极少正例的无标注样本池中选择并构造有效的训练集. 而不同点在于, 此方法是成 "批" 选择未标注样本, 减少了构造训练集所需要的迭代过程, 降低了时间花销.

第4章　主动标注估计

　　主动学习不同于其他机器学习的一个特点是, 向标注者提交请求, 查询所选样本对应的标注信息. 在样本标注获取工作中, 一方面由于网络技术的快速发展, 使用 LabelMe, AMT[84] 等在线标注工具可以在短时间内获取由多个标注者同时提供的样本标注信息, 但是, 由于标注者经验的差异, 这些标注信息的质量也参差不齐, 需要在分类模型训练过程中加以甄别; 另一方面, 在医学图像分析中, 由于提供图像的医疗机构和人员水平的差异, 同一个病例可能会有不同的诊断结果, 而使用物理手段验证该结果需要面临高昂的花费和极为巨大的风险[3,4]. 这种情况下, 所选样本对应多个标注者提供的不一致的标注结果, 却无法判断标注者的可靠性和正确标注, 因而, 无法将所选样本及其标注直接用于分类模型训练过程. 因此, 本章介绍多个标注者环境下的主动标注估计技术, 对标注估计技术的相关工作进行总结. 当存在多个标注者同时为所选样本提供标注信息时, 主动学习在选择最有信息的无标注样本, 并为其添加标注信息时, 必须考虑标注者可靠性的影响. 特别是多个标注者的可靠性彼此差异较大, 但又无法获知各自标注可靠性时. 为了方便读者进一步理解主动标注估计技术的具体细节, 本书以一种多标注者环境下的主动标注估计技术为例, 说明如何根据已观察到的样本及其标注信息, 选择最可靠的标注者和估计所选样本的正确标注信息, 并使用带有正确标注样本训练分类模型.

4.1　代价–增益模型

　　首先, 为了更好地说明本章及第 5 章内容与第 2 章、第 3 章内容之间的联系, 本书首先从统计决策理论 (Statiscal Decision Theory)[85] 出发, 将主动学习形式化为学习系统在不确定性条件下从模型增益与付出代价之间进行决策的问题. 这里, 面对数据所属的未知的现实环境, 主动学习通过控制所观察样本与其对应标注的联合训练分布, 在采样代价最小的条件下, 获得分类模型期望增益的最大化. 从这一点出发, 主动学习

的一般形式化描述如下

$$S^* = \operatorname*{arg\,max}_{S \subseteq U} E_{L \cup S}\left[f\left(x|w\right)\right] - \alpha C_S \tag{4-1}$$

其中, $L = \{(x_i, y_i)\}_{i=1}^{n}$ 表示学习系统的训练样本集, 包含 n 个样本及对应标注信息. $S = \{(x_i, y_i)\}_{i=n+1}^{n+s}$ 表示从无标注样本集 U 中选择并标注 s 个样本组成的所选样本集 S, $E_{L \cup S}\left[f\left(x|w\right)\right]$ 表示把所选的 s 个样本加入训练集 L 后, 参数为 w 的分类模型在集合 $L \cup S$ 上的期望增益, C_S 表示从无标注样本集 U 中选择 s 个样本 $\{x_i\}_{i=n+1}^{n+s}$ 所需要的时间代价, α 为控制系数. 在这一模型中, 主动学习需要衡量无标注样本包含的信息含量或者对学习分类模型的帮助程度, 通过迭代选择和标注一个或一组样本组成的子集来控制输入的训练分布, 力图在采样代价最少的条件下, 选择并标注一组训练数据, 使分类模型在更新后的标注数据集上期望增益最大.

在实际任务中, 样本的信息含量等于分类模型的期望信息增益与代价的差值. 当控制系数 $\alpha = 0$ 时, 所选样本仅取决于分类模型的期望增益值, 在这一情形下, 主动学习样本选择方法的研究重点在于如何准确估计样本对应的信息含量. 这一条件下的主动样本选择目的可以看作是: 在未标注数据分布情况未知的条件下, 学习系统通过控制训练数据中所观察样本预期对应标注的联合分布, 在付出采样代价最少的条件下, 获得分类模型期望增益的最大化. 在这类问题中, 样本选择的研究重点是准确选择能使分类模型未来期望增益最大的样本, 即

$$S^* = \operatorname*{arg\,max}_{S \subseteq U} E_{L \cup S}\left[f\left(x|w\right)\right] \tag{4-2}$$

第 2 章和第 3 章介绍了这部分内容, 同时详细介绍了两种通过构造加权空间来准确进行样本选择的方法.

当控制系数 $\alpha \neq 0$ 时, 分类模型的期望增益会受到标注代价或者采样时间代价的影响. 为了便于讨论, 本书假定控制系数 $\alpha = 1$, 则在分类模型期望增益不变的条件下, 主动学习需要以最少的标注或时间代价选择并标注样本. 在本类问题中, 主动学习面临的主要问题是如何克服代价, 即 $C_S = \sum\limits_{i=1}^{s} C\left(x_i\right) \cdot t_i$. 其中, $C\left(x_i\right)$ 表示选择无标注样本 x_i 向标注

者提出查询请求需要的代价. 在迭代采样的过程中, 假定每个标注者对无标注样本 x_i 的响应时间 t_i 相同, 则下式成立

$$x^* = \arg\max_x E_{L \cup \{x,y\}} \left[f\left(x|w\right) \right] - C\left(x\right) \tag{4-3}$$

假定同时有多个标注者对样本提供标注, 且这些标注者都无法保证一定提供正确无误的标注信息. 此时, 假定第 j 个标注者对样本 x 提供的标注为 y_j, 可靠性为 θ_j, 则主动学习选择样本的标准可改写为

$$\left(x^*, y_j^*\right) = \arg\max_{x,y_j} p\left(y_j|x,\theta_j\right) \cdot V\left(f\left(x|w\right)\right) - C\left(x\right) \tag{4-4}$$

这里, 增益打分函数的定义为

$$U\left(x, y_j\right) = p\left(y_j|x,\theta_j\right) \cdot V\left(f\left(x|w\right)\right) - C\left(x\right) \tag{4-5}$$

$p\left(y_j|x,\theta_j\right)$ 表示第 j 个标注者提供的标注 y_j 正确的概率, 即 $p\left(y_j|x,\theta_j\right)$ 小于 1, 大于 0. $V\left(f\left(x|w\right)\right)$ 表示将样本 x 标注后加入训练集后, 分类模型的增益信息. 可以看出, 分类器在训练集上的增益与标注者可靠性成正比, 与时间开销成反比. 在这一情形下, 如何引入标注者可靠性, 快速度量样本的信息含量, 是第 4 章和第 5 章的主要内容. 因此, 第 4 章和第 5 章分别介绍了两种在不同代价条件下如何构建主动学习系统的方法, 分别从标注代价和时间开销这两个方面, 求取上式的优化解, 达到准确、快速选择样本及其对应标注信息的目的.

目前, 主动学习添加标注过程的一个研究重点是, 当有多个标注者同时提供标注信息时, 如何估计样本对应的标注信息. 不同于单个标注者条件, 标注质量对分类模型的泛化性能具有重要的影响[66-69]. 例如: 为了减少人工标注数据所花费的代价, 代替以高代价获得高质量的标注数据, 类似于 Amazon Mechanical Turk (AMT) 这种在线标注系统的大规模使用使得学习任务可以在低代价短时间内获得大量低质量的标注数据, 使用这些数据构建高质量的分类器是一个值得关注的问题[70]. 另外, 肿瘤的良恶性诊断系统需要大量的标注图像用于训练, 而现实中这种图像很难获得, 并且, 由于标注者水平的不一致, 在诊断结果上往往存在一定分歧, 而提供准确无误的标注是需要很高的风险和代价的[71].

目前, 标注估计技术的一部分研究工作致力于建立标注者投票系统, 不考虑单个标注者的可靠性, 同时使用多个标注者的投票结果来确定样本的正确标注. 这一做法固然可以克服单一标注者带来的错误信息, 但是当标注者的精确度差异较大时, 投票系统确定的标注质量往往会随着低质量标注者数量的增加而下降. 因此, 标注估计技术如何选择可靠性较高的标注者来提供样本的标注信息是主动学习近些年关注的方向之一, 包括以下两个方面:

(1) 如何根据标注者提供的标注信息选择一个可靠的标注者, 根据已有研究表明, 标注者的精度对样本标注具有重要的影响. 但是, 在没有 "Golden-standard" 的条件下, 很难对标注者的精度进行估计.

(2) 如何获取样本的正确标注? 由于查询标注者所获得标注信息中往往包含噪声, 所以, 直接使用这些包含噪声的标注会对分类器的训练过程产生不利的影响. 进而, 主动学习需要从获得的噪声标注信息中估计样本对应的正确标注.

据此, 本书在此着重介绍了一种根据标注者的可靠性来进行主动标注估计的方法. 在多个可靠性未知且彼此不同的标注者条件下, 如何为所选样本添加正确标注信息, 提升分类模型的性能. 本书将这一技术分为以下两个部分: 选择可靠的标注者和估计样本正确标注:

(1) 在收集的标注信息上, 度量标注者提供标注信息的准确度. 随着样本选择数量的增加, 更新标注者的可靠性信息, 进而, 选择最可靠的标注者为所选样本提供标注信息.

(2) 根据标注者的可靠性信息, 在标注信息集上预测所选样本的正确标注, 并将预测后的样本及其正确标注加入训练集, 供分类器进行训练.

4.2 标注估计技术

主动学习通过交互的方式训练分类模型. 与被动学习相比, 主动学习可以在自由选择和标注最具代表性的样本, 提高分类模型的性能. 其中, 样本选择的目的是选择最具有信息化的样本, 即能够最大化模型的分类性能或者减少模型未来误差的样本[81]. 在不同的应用背景下, 研究人员发掘了大量的样本选择方法, 用于度量所选样本的信息含量, 例如,风险缩减、不确定度、离散度、相关性等[6].

在主动学习中, 一个重要的假设条件是: 只有一个标注者为所选样本提供正确标注. 但是, 当这一假设条件无法满足时, 就需要从含有噪声的标注数据中估计所选样本对应的正确标注, 通过提升标注质量来提高分类模型的泛化性能. 目前, 已经涌现出一些通过估计所选样本的正确标注来提升分类模型性能的工作. 例如: Sheng 等[102] 提出了一种重复标注的方法, 即让多个标注者同时标注所选样本, 使用这些标注者的委员会投票结果作为样本的正确标注. Donmez 等[103] 提出了 IEThresh (Interval Estimate Threshold) 方法, 即从所有标注者中选择一部分标注质量较高的标注者, 让这些标注者对样本提供标注, 使用这些所选标注者的委员会投票结果作为样本的正确标注. 上述这些委员会投票方法在多标注者主动学习领域被广泛使用, 但是这类方法的实际性能随标注者能力和水平不同差异很大. 因为这种方法需要同时向多个标注者提交所选样本, 一些学者认为这类方法浪费了有限的人力标注资源. 另外, 委员会投票方法的有效性往往随着训练集样本数量的增加而逐步降低[104,105].

在上面提到的方法中, 标注者的经验和水平往往被认为是相同的, 并且在估计样本正确标注的过程中被赋予相同的权重. 然而, 在实践中, 每个标注者的经验和水平往往是不同的, 进而, 一些研究人员认为分类器的精度应当从所选样本的正确标注和单个标注者的精度两方面加以提高. 例如: Snow 等[106] 提出了一种通过估计单个标注者的可靠性来选择标注者的方法, 即使用带有正确标注的样本判断标注者提供标注的质量, 并依此估计正确标注. 但是在大多数标注任务中, 很少有带正确标注的样本可以被用于这种度量. 考虑到这一点, Donmez 等[107] 通过估计标注者的精度来选部分标注者组成委员会. 样本的正确标注直接从委员会提供的噪声标注中进行估计. Yan 等[3] 通过标注信息的不确定程度来选择标注者, 使用最不确定的标注来估计样本的正确标注. 这里, 单个标注者的可靠性被假定可以通过函数来模拟 (例如: truncated Gaussian distribution[107] 和 logistic function[3]). 在每轮迭代中, 首先给出单个标注者的可靠性估计值, 随后从观察到的噪声标注中估计样本的正确标注. 虽然一些工作[104,4] 同时考虑正确标注和单个标注者的可靠性在每轮迭代中相互的影响, 并致力于估计样本的正确标注和单一标注者的质量. 但是并没有使用这些信息作为先验知识在后续训练步骤中主动选择标注者.

4.3 多标注者环境下主动标注估计技术

正如本书前文所述, 在不考虑时间代价的条件下, 学习系统的增益主要取决于样本获得标注信息的准确程度 $p(y_j|x, \theta_j)$ (θ_j 是度量标注者可靠性的参数, 所使用度量模型种类不同, 参数也不同) 和分类模型在更新后的训练集上的增益值 $V(f(x|w))$, 即

$$(x^*, y_j^*) = \arg\max_{x, y_j} p(y_j|x, \theta_j) \cdot V(f(x|w)) \tag{4-6}$$

这里, 增益打分函数的定义为

$$U(x, y_j) = p(y_j|x, \theta_j) \cdot V(f(x|w)) \tag{4-7}$$

也就是说, 当多个标注者可以为被选择的样本提供标注时, 主动学习不仅要选择包含信息含量最大的样本, 并且要选择最可靠的标注者为其提供标注信息. 标注者的可靠性越高, 其提供标注信息的准确性 $p(y_j|x, \theta_j)$ 越高. 同时, 鉴于每个标注者都有可能提供错误的标注信息, 因此, 学习系统需要根据标注者的可靠性估计样本对应的正确标注, 并使用正确标注训练分类模型, 用于下一步期望增益的估计. 在这两种情况下, 标注者的可靠性和样本的正确标注都不是显而易见的, 是隐含信息, 需要从已观察到的样本和标注信息中估计获得. 因此, 学习系统需要解决的问题包含以下两个:

- 可靠标注者选择, 用于估计标注者提供标注的准确性和选择合适的标注者.
- 正确标注估计, 用于提高学习模型的增益值.

图 4-1 描述了多标注者条件下主动学习框架, 以及该环境下主动标注估计的迭代过程.

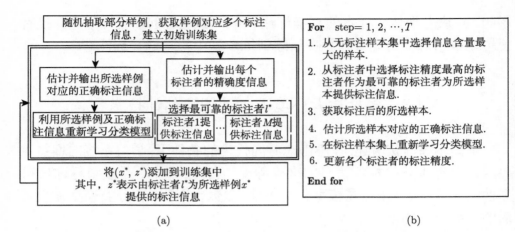

(a)   (b)

图 4-1　(a) 多标注者环境下主动学习框架. 双线方框部分表示经由主动标注估计技术获得一个精确的分类器的迭代过程. (b) 多标注者环境下主动标注估计技术的迭代过程

4.3.1　基本框架

假定 $\mathscr{X} = \{x_1, x_2, \cdots, x_n\}$ 表示观察到的样本, $\mathscr{Y} = \{y_1, y_2, \cdots, y_n\}$ 表示样本对应的隐含正确标注, $\mathscr{Z} = \{z_1^1, z_1^2, \cdots, z_j^i, \cdots, z_m^n\}$ 表示由多个标注者提供的观察到的标注信息, 其中 z_j^i 是由第 j 个标注者对样本 x_i 的标注. 假设随机变量 $X \in \mathscr{X}$ 和 $Z \in \mathscr{Z}$ 分别表示观测到的样本及标注者提供的标注, 同时, 随机变量 $Y \in \mathscr{Y}$ 表示隐含的正确标注, 可得

$$p(Z|X) = \sum_Y p(Z|X,Y) \cdot p(Y|X) \tag{4-8}$$

在实际应用中, 单个标注者的可靠性只与标注者经验水平有关, 而不依赖于所标注的样本[22], 因此, 假设 $p(Z|X,Y) = p(Z|Y)$. 基于这一假设, 变量 X, Y 和 Z 满足图 4-2 所示的 Markov 等价模型[104,4].

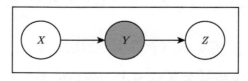

图 4-2　变量 X, Y 和 Z 组成的概率模型. 灰色圆圈表示隐变量, 白色圆圈表示可观察变量

　　在主动学习过程中, 样本 X 是依序观察得到, 模型的性能逐步在训练集上得到强化. 在每轮迭代中, 样本 X 是根据 $p(Y|X)$ 选择, 正确标注 Y 是需要向标注者查询得到. 当有多个标注者同时提供标注时, 样本的正确标注 Y 是不可观察的, 但是噪声标注 Z 是可观察的, 其准确性取决于概率 $p(Z|Y)$. 如果标注者在类别 k 上是完全正确的, 则该模型退化为单一标注者条件下的主动学习形式, 进而 $p(Z = k|Y = k) = 1$. 如果标注者没有提供标注信息, 即标注缺失, 则 $p(Z = k|Y = k) = 0$. 其他情况下, 有 $0 < p(Z = k|Y = k) < 1$.

　　在这种情况下, 目标函数可以进一步形式化为在观察数据上优化两个条件分布 $p(Z|Y)$ 和 $p(Y|X)$

$$\left(p_{Z|Y}^{*}, p_{Y|X}^{*}\right) = \underset{p_{Z|Y}, p_{Y|X}}{\arg\max}\, p(Z|X) \tag{4-9}$$

假定 $p(Z|Y)$ 是通过 Bernoulli 模型获得的, 其参数为 $\phi\,(0 \leqslant \phi \leqslant 1)$, 该参数表示单一标注者的精度. 假定 $p(Y|X)$ 是由逻辑回归模型 $f_w : \mathscr{X} \to \mathscr{Y}$ 估计得到的, 模型参数为 w. 当训练样本满足独立同分布假设条件 (i.i.d) 时, 参数 ϕ 和 w 可以通过最大条件似然估计方法求解

$$(\phi^{*}, w^{*}) = \underset{\phi, w}{\arg\max} \prod_{i} p(z_i|x_i; \phi, w) \tag{4-10}$$

其中

$$p(z_i|x_i; \phi, w) = \sum_{k} p(z_i|y_i = k; \phi) \cdot p(y_i = k|x_i; w)$$

$$p(z_i|y_i = k; \phi) = \prod_{j} \phi_j^{k\sigma\left(y_i, z_j^i\right)} \cdot \left(1 - \phi_j^k\right)^{1 - \sigma\left(y_i, z_j^i\right)} \tag{4-11}$$

$$p(y_i = k|x_i; w) = \left(1 + e^{-w^{\mathrm{T}} x_i}\right)^{-1}$$

函数 $\sigma(a, b)$ 定义是: 如果 $a = b$, 则 $\sigma(a, b) = 1$, 否则

$$\sigma(a, b) = 0.\ \phi_j^k = p(z_j^i = k|y_i = k)$$

表示第 j_{th} 个标注者在类别 k 上提供正确标注的概率.

4.3.2　参数估计

在主动学习每轮迭代中, 假定关于观察到的变量 X, Z 和隐含变量 Y 的模型, 其参数 $\theta = \left\{ \{\phi_j^k\}_{j=1}^m, w \right\}$, 类别为 k. 目标是通过最大化 log 似然函数求解参数 θ, 目标形式化如下

$$\theta^* = \arg\max_\theta \sum_i \ln p\left(z_i | x_i; \theta\right) \tag{4-12}$$

其中, 含有隐信息的 log 似然函数

$$\ln p\left(z_i | x_i; \theta\right) = \ln \sum_k p\left(y_i = k | x_i; w\right) \cdot \prod_j p\left(z_i^j | y_i = k; \phi_j^k\right) \tag{4-13}$$

因为正确标注 y_i 是隐变量, 可以使用 EM 方法求取极大似然函数的优化解. 使用 EM 算法求解过程如下:

E-step (预测正确标注)　假定所有样本满足独立同分布假设条件, 则 $p(y_i = k | x_i, z_1^i, \cdots, z_m^i)$ 可以使用下式计算

$$p\left(y_i = k | x_i, z_1^i, \cdots, z_m^i\right) \propto p\left(y_i = k | x_i; w\right) \cdot \prod_j p\left(z_i^i | y_i = k; \phi_j^k\right) \tag{4-14}$$

其中, $p\left(y_i = k | x_i; w\right)$ 是当前分类模型对样本的预测值, 由分类器提供, 参数是 w.

M-step (最大化 log 似然函数)　给定E-step中提供的 $p(y_i = k | x_i, z_1^i, \cdots, z_m^i)$, 模型参数 θ 可以通过最大化条件期望 $\sum_i E_{p\left(y_i = k | x_i, z_1^i, \cdots, z_m^i\right)}$ $[\ln p\left(z_i | x_i; \theta\right)]$ 计算. 在主动学习的每轮迭代中, 单个标注者精度估计是依赖于标注者之前所提供的标注, 因此, 利用这些先验信息, 使用基于 Beta 先验的贝叶斯模型对 ϕ_j^k 进行估计 [4], ϕ_j^k 和 w 的值可以通过以下步骤获得.

令 $\sum_i E_{p\left(y_i = k | x_i, z_1^i, \cdots, z_m^i\right)} [\ln p\left(z_i | x_i; \theta\right)]$ 的梯度为零, 则

$$\phi_j^k = \frac{\sum_i p\left(y_i = k | x_i, z_1^i, \cdots, z_m^i\right) \cdot \sigma\left(y_i, z_j^i\right)}{\sum_i p\left(y_i = k | x_i, z_1^i, \cdots, z_m^i\right)} \tag{4-15}$$

在主动学习的迭代过程中, 单个标注者的精度可以使用已观察到的噪声标注数据估计, 即将之前迭代过程中观察到的样本和标注信息作为先验知识, 进而估计当前迭代中的标注者精度和样本正确标注这一后验概率. 使用贝叶斯方法估计 ϕ_j^k 的值. 因此, 基于 Beta 先验的 ϕ_j^k 的后验概率可以估计为 $p\left(\phi_j^k | \alpha_j^k, \beta_j^k\right) = \text{Beta}\left(\phi_j^k | \alpha_j^k, \beta_j^k\right)$. 其中, 参数 $\alpha_j^k - 1$ 和 $\beta_j^k - 1$ 分别表示观察到事件 $z_i^j = k$ 和 $z_i^j \neq k$ 的发生次数. 因此, 使用 Beta 先验的贝叶斯模型估计 ϕ_j^k 可以表述为

$$\phi_j^k = \frac{\alpha_j^k - 1 + \sum_i p\left(y_i = k | x_i, z_1^i, \cdots, z_m^i\right) \cdot \sigma\left(y_i, z_j^i\right)}{\alpha_j^k + \beta_j^k - 2 + \sum_i p\left(y_i = k | x_i, z_1^i, \cdots, z_m^i\right)} \tag{4-16}$$

最大化目标函数的参数 w 可以使用梯度下降优化方法[23] 求取. Newton-Raphson 更新步为 $w^{t+1} = w^t - \eta H^{-1} g$, 其中 g 是梯度向量, H 是 Hessian 矩阵, η 是步长. 其中梯度向量和 Hessian 矩阵使用下式计算

$$g(w) = \sum_i x_i \cdot \left[p\left(y_i = k | x_i, z_1^i, \cdots, z_m^i\right) - \left(1 + e^{-w^T x_i}\right)^{-1} \right]$$

$$H(w) = -\sum_i x_i x_i^T \cdot \left(1 + e^{-w^T x_i}\right)^{-1} \cdot \left[1 - \left(1 + e^{-w^T x_i}\right)^{-1}\right] \tag{4-17}$$

为了获得能最大化 log 似然函数的参数 θ, E-step 和 M-step 迭代进行直至收敛. 实际情况下, E-step 和 M-step 易于计算, 因为该式的计算复杂度是样本数量, 标注者数量和观察标注数量的线性函数. 然而, 为了进一步减少求取优化解所需计算代价, 这里使用近似增量 EM 算法[108] 对其进行计算. 因为被选择样本是依次获得的, 则在每轮迭代中, 都使用先前估计的 y_i 作为本轮迭代的初始值. 完整数据 log 似然函数的条件期望仅仅是通过添加不同值并且增量最大化得到. 另外, 为了避免小样本问题, 使用了所有的数据来计算初始 M-step[108].

直观上, ϕ_j^k 倾向于对那些曾经在类别 k 能够比其他标注者提供更多正确标注的标注者赋予更高的权重. 因此, ϕ_j^k 可以精确地反映单个标注者在某类别上的可靠性. 在每轮样本选择中, 这里选择该类别上具有最

高 ϕ_j^k 值的标注者作为最可靠的标注者标注所选样本. 所选样本的正确标注是标注者的可靠性和分类器预测二者的估计结果. 进而, 估计所得标注被看作样本的正确标注, 并用于后续分类器训练和标注者精度估计.

在多标注者概率模型中, E-step中的正确标注 y_i 和M-step中的标注者的精度 ϕ_j^k 是迭代估计出来的. 这两步都是通过整个观察数据上的后验概率 $p(z_i|x_i; \theta)$ 的最大化 log 似然函数得到的. 这里E-step可以解释为建立在当前分类器预测和标注者精度两者上对正确标注的概率估计, 继而, 通过M-step来获取最优解. 在主动学习系统中, 迭代过程与概率模型的求解过程是一致的. 在每轮迭代中, 正确标注的估计是基于之前迭代中标注者可靠性的估计结果, 同时, 正确标注被用于在随后迭代中度量标注者精度. 因此, 概率模型收敛后的最优解同时也是主动学习系统的最优解.

4.3.3　学习算法设计步骤

鉴于本书所介绍的主动标注估计技术与样本选择方法相互独立, 这里仅以 ERS (Error Reduction Sampling)[81] 样本选择方法为例, 向读者说明, 如何从未标注数据中选取样本. 其主要思想是选择无标注数据中能够最小化分类器未来期望误差的样本用于训练. 假定 $L = \{x_i, y_i\}_{i=1}^{l}$ 表示当前样本及其正确标注组成的训练集, 则该样本选择方法可以形式化描述为

$$x^* = \arg\min_{x} \sum_{k} p(y = k|x; w) \cdot I(L, x) \tag{4-18}$$

其中, $p(y = k|x; w)$ 由当前分类器提供. 假定 U 表示无标注数据集. 如果样本 x 被选择标注并加入训练集 L, 则有下式成立

$$I(L, x) = -\sum_{u=1}^{|U|} \sum_{k} p_{L\cup\{x,y\}}(y_u = k|x_u) \cdot \log p_{L\cup\{x,y\}}(y_u = k|x_u) \tag{4-19}$$

其中, $p_{L\cup\{x,y\}}(y_u = k|x_u)$ 由样本 x 标注后添加到训练集所学习的分类器提供, 同时, $|U|$ 表示无标注样本池 U 中的样本数量.

可以看出, 与其他同样考虑单个标注者水平的标注估计工作相比, 本书介绍的这一主动标注估计技术使用了单个标注者的可靠性作为先验知

识用于选择标注者, 且在迭代过程中同时更新标注者的可靠性和样本的正确标注, 即使用观察到的训练数据上的最大似然函数来获取单个标注者的可靠性和正确标注. 另外, 在标注者可靠性度量上, 该技术在观察到的标注信息上使用贝叶斯技术估计单个标注者在不同类别上的可靠性. 最后, 图 4-3 给出了这一主动标注估计技术和样本选择方法的具体步骤.

主动标注估计技术及样本选择

输入: 观测样本集 X, 观测样本对应标注集 Z, 迭代次数 T.

输出: 分类模型 C.

初始化:

  1. 初始化 $p(y_i|x_i) = \dfrac{1}{m}\sum_{j=1}^{m} z_j^i$, 即将多个标注者提供标注信息的投票结果作为初始值.

  2. 初始化参数集 $\{\alpha_j^k, \beta_j^k\}$, 即获得每个标注者的精度.

  3. 在初始训练集上学习一个分类模型.

For 迭代次数从 1 至 T

  1. 选择最有帮助的样本 x^*.

  2. 选择精度 ϕ_j^k 值最高的标注者 l^*.

  3. 为所选样本 x^* 查询对应标注 z^*.

  4. 更新输入样本集 $X = X \cup \{x^*\}$ 及观测到的对应标注集 $Z = Z \cup \{z^*\}$.

  5. **while**

    a) **E-step**: 估计 $p(y_i = k|x_i, z_1^i, \cdots, z_m^i)$.

    b) **M-step**: 更新参数 θ 并计算最大 log 似然函数值.

  6. **end while**

End For

图 4-3　主动标注估计技术及样本选择

4.4　仿　真　研　究

为了说明几种标注估计技术性能, 本书将常用的几种标注估计技术进行了比较, 包括 Major vote 方法和 Random 方法[102,103] 等. 所使用的数据集包括: ①UCI 数据集; ②新闻组语料库; ③乳腺癌数据集. 本书验证和比较的几种标注估计技术的性能包括: ①估计正确标注和强化分类器性能的有效性; ②通过估计单个标注者精度选择可靠的标注者.

4.4.1　基本设置

　　由于数据集缺乏多个标注者提供的标注, 所以, 本书使用与其他工作相同的设置[4,104], 即根据标注者在各个类别上的实际精度, 使用五个标注者提供标注信息进行仿真. 鉴于分类任务是二分类任务, 故假定有两个可靠的标注者 (标注者 1 和标注者 2), 这两个标注者在正负两个类别上的精度均大于 80%. 其中, 标注者 1 是所有标注者中正类别可靠性最高的标注者, 其精度达到 90%, 标注者 2 是所有标注者中负类别可靠性最高的标注者, 其精度达到 95%. 另外, 作为比较, 本书同样假定存在三个不可靠的标注者 (标注者 3 至标注者 5), 这三个 "新手" 在正负两个类别上均缺乏实际经验, 其标注精度在 50% 左右. 表 4-1 给出了 5 个标注者在各类别上的精度值. 为了读者便于比较主动标注估计技术对标注者可靠性的估计结果, 本书在同一张表中列出了标注者精度的估计值 ϕ_j^+ 和 ϕ_j^-. 从表 4-1 所列出的标注者可靠性的真实值和估计值的比较结果, 可以看出可靠性的估计值与真实值十分接近, 此结果也说明根据 ϕ_j^k 的值选择类别 k 上最可靠标注者的做法是可信的.

表 4-1　5 个标注者在正负类别上的精度

标注者	正类精度	估计值 ϕ_j^+	负类精度	估计值 ϕ_j^-
标注者 1	0.90	0.98	0.85	0.88
标注者 2	0.80	0.90	0.95	0.97
标注者 3	0.45	0.51	0.60	0.61
标注者 4	0.50	0.56	0.55	0.58
标注者 5	0.50	0.40	0.45	0.40

　　为了比较主动标注估计技术、Major vote 和 Random 这三种方法的性能, 在数据集设置相同的条件下, 本书分别记录了使用这三种方法获取标注信息后, 在训练数据上学习所得分类模型性能的变化情况, 从而进行比较. 首先, 从训练数据中随机选择 20 个正类样本和 20 个负类样本组成初始训练集, 剩余的训练数据用作无标注样本池, 同时, 测试数据全部用于测试集, 在每轮迭代中测试分类模型的精度变化情况. 使用初始训练集学习一个初始分类模型, 随后, 使用该模型对无标注数据集中的样本进行预测, 并根据预测结果选择样本, 分别使用以上三种方法获得该样本的标注信息, 过程如下:

- Major vote: 同时选择 5 个标注者对选择样本提供标注, 使用委员会投票的方法, 根据这些标注者的投票结果确定所选样本的正确标注. 将标注后的样本及其对应的标注加入初始训练集, 并在更新后的训练集上学习分类模型.
- Random: 随机选择 1 个标注者对所选择样本提供标注. 将标注后的样本及其对应标注加入初始训练集, 并在更新后的训练集上学习分类模型.
- PMActive: 使用所介绍的多标注者环境下的主动标注估计技术, 选择标注者, 根据标注者提供的标注和 5 个标注者可靠性的估计结果, 获取样本的正确标注. 将样本及其对应的正确标注加入初始训练集, 并在更新后的训练集上学习分类模型.

在每轮迭代中, 在测试集上对当前分类模型的性能进行衡量, 并记录当前分类模型的精度信息. 在每个数据集上, 重复进行 10 次上述过程, 并使用这些结果的平均值和标准差比较三种方法的优劣.

4.4.2　性能比较

本书使用了语料库上 20 个文本分类任务分别比较了 PMActive、Major vote 和 Random 这三种标注估计技术对分类模型的学习能力, 并记录分类模型的平均错误率和标准差随训练集中样本数量增加的变化情况. 从图 4-4 的 20 个子图中可以看出, PMActive 方法在 20 个分类任务中最终都获得了比其他两种方法更低的平均错误率. 当训练集中样本数量多于 200 时, PMActive 方法对应错误率的标准差同样低于其他两种方法. 同样地, 随着训练集中样本数量的增加, Major vote 方法却无法有效地减少分类模型的错误. 造成这一现象的原因依然是不可靠的标注者在查询过程中提供了错误标注信息, 而 Major vote 方法没有能力避免错误标注对分类模型的影响, 但是 PMActive 方法却通过标注者选择和正确标注估计过程有效地避免了这一点. 在某些类别上, 当训练集中样本数量增加时, Major vote 方法的分类性能比 Random 方法更差, 这一现象同样证明: 当不可靠的标注者被查询次数增加, 其提供的错误标注数量也随之增加, 继而, 训练集中样本的标注质量也大幅下降, 此时, 必须采取措施遏制不可靠标注者的负面影响, 否则, 结果会比随机选择一个标注者提供标注的结果更糟. 与之相对的是, PMActive 方法可以避免向不可靠的标注者提出查询, 从而有效地滤除这种负面效应.

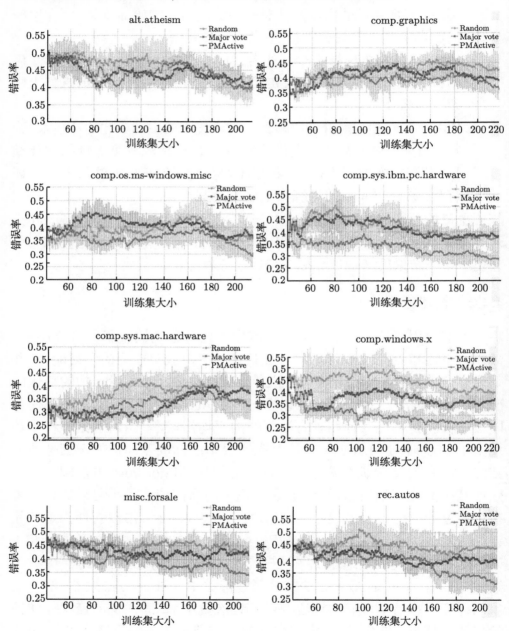

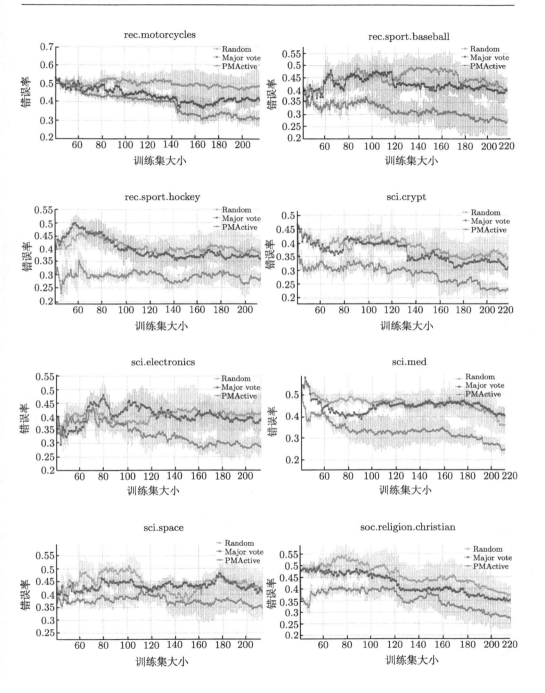

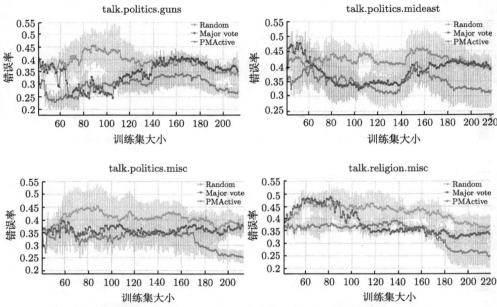

图 4-4   新闻组语料库上三种方法平均错误率和标准差的比较结果

(详见文后彩图)

随后, 在 12 个 UCI 数据集上, 本书对主动标注估计和其他方法的性能进行比较. 本书将每个 UCI 数据集随机划分出 30% 的数据用于测试过程, 剩余 70% 的数据用于训练过程, 并使用 4.4.1 节中描述的过程获取样本标注和学习分类模型. 表 4-2 给出了这 12 个 UCI 数据集的属性描述.

表 4-2   12 个 UCI 数据集属性表

名称	大小	+/− 比率	维度
Australian	690	0.791	15
Diabetes	768	0.536	8
German	1000	0.429	25
Glass	214	0.486	10
Heart	303	0.848	14
Ionosphere	351	0.560	35
Liver	345	0.725	7
OQletter	1536	1.040	17
Sonar	208	0.874	61

续表

名称	大小	+/− 比率	维度
Splice	1000	1.070	61
VYletter	1550	1.029	17
Wdbc	569	0.593	32

本节同样使用分类模型的错误率作为性能衡量标准, 同样, 在图 4-5 中展示了这三种方法学习分类模型的错误率随训练集大小的变化情况. 图 4-5(a) 至图 4-5(l) 给出了随训练集中样本数量的增加, 分类模型的平均错误率和标准差的变化. 值得注意的是, 在 12 个 UCI 数据集上, 使用 PMActive 训练得到分类模型的错误率是三种方法中最低的, 随着训练集中样本数量的增加, 标准差也是最小的. 这一结果说明, PMActive 方法通过选择可靠的标注者为所选样本提供标注和估计样本对应的正确标注的做法, 有效地降低了训练集中错误标注的数量, 进而, 学习得到的分类模型错误率也更低. 从图 4-5 中可以看出, 随着训练集中样本数量的增加, PMActive 方法对应的分类错误率逐步降低. 在图 4-5(b), (f), (j) 和 (k) 中, 当训练集中包含样本数量在 50 至 80 之间时, PMActive 方法对应的错误率略高于其他两种方法. 但是, 在随后的迭代过程中 (在图 (b) 和 (k) 中, 训练集中样本数量超过 100; 在图 (f) 和 (j) 中, 训练集中样本数量超过 150), PMActive 方法对应的错误率迅速下降, 其分类模型的精度很快超过了另外两种方法. 该结果说明, PMActive 方法具备了自动纠正训练样本标注错误的能力, 即在后续迭代过程中, 算法通过估计样本对应的正确标注逐步克服了最初错误标注的影响, 并最终获得了较低的分类错误率.

在图 4-5(e) 中, 当训练集中样本数量小于 160 时, Major vote 方法对应的错误率与 PMActive 方法相似. 但是, 当训练集中样本数量大于 180 时, Major vote 方法的错误率很快上升并超过了 PMActive 方法. 该结果说明, 当训练集中样本数量较少时, Major vote 方法可以降低分类模型的错误率, 但是, 当训练集中样本数量较多时, Major vote 方法会受到不可靠标注者提供错误标注的影响. 在图 (a), (b), (h), (j), (k) 和 (l) 中, Major vote 方法对应的分类错误率随着训练集中样本数量的增加而略微上升 (在图 (a), (j) 和 (l) 中, 训练集中样本数量多于 350 时; 在图

(b), (h) 和 (k) 中, 训练集中样本数量多于 550 时), Major vote 方法学习得到的分类模型错误率甚至高于 Random 方法. 这一结果说明, 当训练集中样本数量增加时, 仅仅通过多个标注者的委员会投票方法获得样本的标注信息, 并使用这种标注信息学习分类模型是不能有效降低分类模型的错误率的 [16,20]. 随着不可靠标注者被查询的次数增加, 他们提供的错误标注数量也逐步增加, 样本获得错误标注的概率也随之增长, 从而使得训练集中正确标注样本所占比例逐步下降, 致使 Major vote 方法学习得到的分类模型错误率高于 Random 方法.

与 Major vote 方法不同的是, PMActive 方法仅仅向那些可靠的标注者提出查询请求, 这一步骤有效避免了不可靠标注者对样本标注信息可能产生的影响. 基于可靠标注者对所选样本提供的标注信息, PMActive 方法推测这些标注者的可靠性, 根据所估计的可靠性信息, 估计所选样本的正确标注和学习分类模型. 因此, 通过上述过程, 即使训练集中样本数量较多时, PMActive 方法依然可以获得较好的分类模型训练效果, 有效地降低分类错误率. 同时, 在图 4-5 中, 通过这三种方法的标准差随训练集中样本数量的变化可以清晰看出, PMActive 方法的标准差低于其他两种方法, 这说明 PMActive 可以收敛于最优解.

当使用主动学习从无标注样本池中选择不同比例的样本用于学习分类模型时, 本书对 PMActive, Major vote 和 Random 这三种方法所学习分类模型在测试集上的精度进行比较. 图 4-6 使用直方图形式展示了在 UCI 数据集上这三种方法的分类精度随着采样比例的增加而变化的结果. 为了准确衡量算法的分类精度与采样比例之间的变化关系, 这里使用采样比例为 100% 时, Train-with-all-data 方法对应的分类精度作为这三种方法的比较准则.

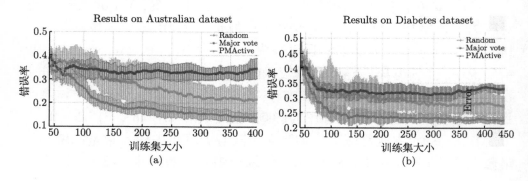

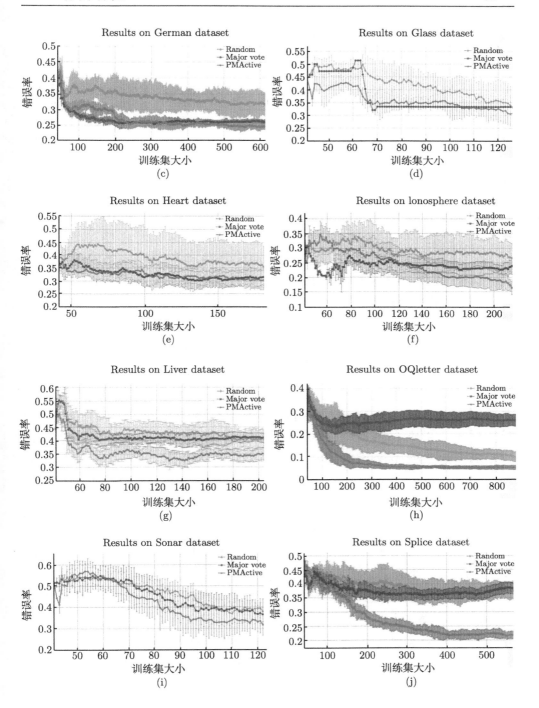

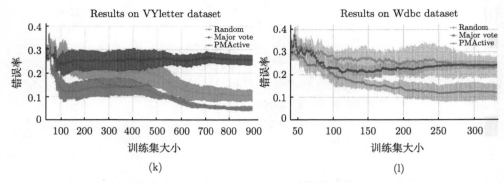

图 4-5　12 个 UCI 数据集上三种方法的性能比较 (详见文后彩图)

- Train-with-all-data：选择无标注样本池和初始训练集中的所有样本, 将所选样本赋予正确标注, 即没有任何错误标注信息. 在组成训练集上学习一个分类模型, 在测试集上对该分类模型的精度进行检测.

与前面类似, 本书也将每个 UCI 数据集随机划分出 30% 的数据用作测试过程, 剩余 70% 的数据用于训练过程, 并使用 4.4.1 节中描述的过程构造初始训练集、无标注样本池和测试集. 在每个 UCI 数据集上, 分别按照 10%, 20%, 50% 和 70% 的比例从无标注数据池中选择样本, 对于所选样本, 使用 4.4.1 节描述的过程获取样本标注信息和学习分类模型, 并在测试集上对分类模型的精度进行验证和比较.

图 4-6 给出了上述三种方法和 Train-with-all-data 准则的比较结果. 从图 4-6(a) 至图 4-6(d) 中可以看出, 当从无标注样本池中选择 10% 的样本, 添加标注后学习分类模型时, PMActive 方法在 9 个 UCI 数据集上获得了三种方法的最高分类精度. 当从无标注样本池中选择 20% 的样本, 添加标注后用于分类模型的学习过程, PMActive 方法在 10 个 UCI 数据集上获得了三种方法中分类精度的最高值. 当从无标注数据池中选择 70% 的样本, 标注后加入训练集, 学习得到的分类模型在大多数 UCI 数据集上的分类精度接近于 Train-with-all-data 方法, 即理想情况下分类精度的最大值. 同时, PMActive 方法在 Liver 数据集和 Disbetes 数据集上获得了比 Train-with-all-data 方法更高的分类精度.

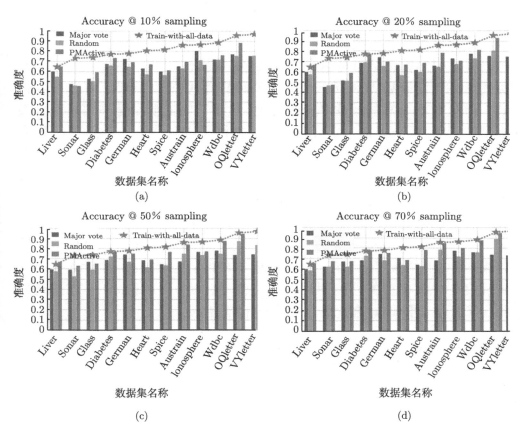

图 4-6　12 个 UCI 数据集上, 无标注样本池上采样比例分别是 10%, 20%,

50% 和 70% 时的平均测试结果 (详见文后彩图)

表 4-3 列出了这两种方法的精度比较结果. 可以看出, 通过选择可靠的标注者为无标注样本提供标注以及根据各个标注者的精度估计所选样本的正确标注的做法, PMActive 方法可以有效地获得所选样本的正确标注信息, 并迭代构造训练集, 逐步提高分类模型的精度, 从而获得了比其他估计技术更加精确的分类模型.

最后, 本书通过每组实验中 PMActive 方法选择和查询两个可靠的标注者 (标注者 1 和标注者 2) 的次数, 说明该方法在选择可靠标注者上的准确度. 通过记录和比较 UCI 数据集上运行的 10 组实验中两个可靠标注者的平均查询次数, 计算了正确标注者被选择的频率, 将该结果与数据集中正负类样本所占的比率进行比较. 在理想条件下, 不可靠的标注者在整个迭代过程中不应当被选择, 而可靠的标注者被选择的次数应当等于该类别上正类样本或负类样本在整个数据集中所占比例. 因此, 在表 4-4 中的比较结果可以看出, 标注者 3 到标注者 5 这三个不可靠的标注者完全没有被 PMActive 方法选择过, 说明 PMActive 方法可以有效地避免向不可靠的标注者查询标注, 从而避免低质量标注信息对分类模型的影响. 另一方面, 与 Major vote 方法平等对待每一个标注者不同, PMActive 方法选择该类别上最可靠的标注者提供标注, 表 4-4 中的大多数数据集上, PMActive 算法选择标注者的准确度高于 0.7. 同时, 由于可靠标注者是根据分类模型对所选样本的预测类别来选择的, 故选择标注者的准确程度取决于分类模型对该类别样本预测的准确程度, 即图 4-7 中 Train-with-all-data 方法的结果. 表 4-4 同样给出了准确度的比较结果. 从这一结果可以看出, 随着所选样本数量的增加, 标注者选择的准确程度与分类模型的性能同时得以提高, 也说明了 PMActive 方法充分利用了标注者的偏好来提高分类模型的精度.

表 4-3　部分数据集上, PMActive 方法和 Train-with-all-data 方法精度比较

数据集	PMActive	Train-with-all-data
Liver	0.7746	0.7695
Diabetes	0.6513	0.6435

本书也在肿瘤良恶性诊断问题上对几种标注估计技术做了进一步比较. 肿瘤的良恶性诊断是计算机辅助诊断 (Computeraided Diagnosis, CAD) 领域中一个备受关注的问题, 即如何使用计算机算法和模型, 从一组医学图像中找到包含恶性肿瘤的图片, 提交给肿瘤专家检验. 为了学习这样一个有效的检测模型, 通常需要大量已标注图像作为训练样本. 目前, 由于医疗设备的发展, 收集病灶区域的切片图像较为容易, 但是, 从这些收集的图像中准确标注和判断其良恶性却十分困难, 其准确程度往往取决于标注者的医疗水平, 甚至需要对疑似区域进行病理检验才能判断, 这一过程耗资巨大, 也给病人带来身心痛苦.

一种有效的方案是组织多个肿瘤专家同时对一幅图像中的疑似区域进行标注, 根据多个标注结果判断该肿瘤的良恶性. 在这种方案下, 学习系统面临的难点是, 如何从缺乏正确标注信息的样本中学习有效的分类模型, 特别是, 当样本对应的多个标注都可能存在错误, 而提供该标注信息的标注者的水平又是未知的条件下, 如何获得高性能分类模型. 使用主动学习系统来解决这一问题的做法是: 使用少量多标注样本组建初始训练集, 在该初始训练集上学习一个分类模型和对提供标注信息的标注者的准确度进行估计, 根据估计的结果从多个标注者中选择可靠性最高的标注者为后续选择的样本提供标注信息, 同时, 也对所选样本的可能正确标注进行估计, 并使用估计的正确标注学习分类模型. 目的是充分利用可得到的图像和标注者, 在代价最小的条件下, 学习有效的检测模型.

表 4-4　PMActive 方法对两个标注者的查询次数(三个低质量标注者没有被查询过, 每个数据集上正确的采样数量在括号中注明)

数据集	标注者 1 (正类)	标注者 2 (负类)	精度 "+"	精度 "−"	Train-with -all-data
Australian	84.8 (175.1)	152.3 (229.9)	0.484	**0.662**	0.8565
Diabetes	44.3 (154)	236.2 (318)	0.288	**0.743**	0.7695
German	89.9 (196.9)	393.1 (463.1)	0.457	**0.849**	0.7747
Glass	12.4 (24.8)	57.5 (75.2)	0.500	**0.765**	0.7361
Heart	51.9 (74)	76.8 (88)	**0.701**	**0.873**	0.8020
Ionosphere	47.6 (64)	112 (130)	**0.744**	**0.862**	0.8632
Liver	31.8 (71)	89.1 (114)	0.448	**0.782**	0.6435
OQletter	453.6 (505.9)	447.8 (464.1)	**0.897**	**0.965**	0.9551
Sonar	35 (44)	39.9 (51)	**0.795**	**0.782**	0.7286
Splice	240.1 (314.7)	236.3 (295.3)	**0.763**	**0.800**	0.8114
VYletter	414 (504)	468.5 (490)	**0.821**	**0.956**	0.9690
Wdbc	97.1 (123)	202 (217)	**0.789**	**0.931**	0.8836

本书使用了西门子公司 2008 年发布的乳腺癌数据集[109] 对 PMActive 方法、Major vote 方法和 Random 方法进行了性能比较. 与其他方法相似[4,104], 同样使用表 4-1 中所列出的 5 个标注者对样本提供标注信息, 使用 4.4.1 节中描述的标注估计过程. 同时, 为了说明相同标注代价下, 使用主动学习和被动学习建立分类模型的性能差异, 分别使用主动采样和被动采样过程从无标注样本集中选择样本, 建立训练集, 这两种样本选择方法如下所述:

- Random sampling: 从无标注样本集中通过均匀采样策略随机选择

一个样本.

- Active sampling: 使用 ERS 采样策略从无标注样本池中主动选择一个样本.

通过将两种样本选择方法和三种标注获取策略进行两两组合, 可以得到以下六种不同的训练集构造方法.

- Active + Active sampling(PMActive): 使用 ERS 样本选择方法从无标注样本池中主动选择一个样本, 根据估计的标注者准确度, 从 5 个标注者中选择最可靠的标注者为所选样本提供标注信息, 并估计样本对应的可能正确标注用于训练分类模型.

- Major vote + Active sampling: 使用 ERS 样本选择方法从无标注样本池中主动选择一个样本, 通过 Major vote 方法为所选样本提供标注用于训练分类模型.

- Random + Active sampling: 使用 ERS 样本选择方法从无标注样本池中主动选择一个样本, 通过 Random 方法为所选样本提供标注用于训练分类模型.

- Active + Random sampling: 使用随机样本选择方法从无标注样本池中随机选择一个样本, 根据估计的标注者准确度, 从 5 个标注者中选择最可靠的标注者为所选样本提供标注信息, 并估计样本对应的可能正确标注用于训练分类模型.

- Major vote + Random sampling: 使用随机样本选择方法从无标注样本池中随机选择一个样本, 通过 Major vote 方法为所选样本提供标注用于训练分类模型.

- Random + Random sampling: 使用随机样本选择方法从无标注样本池中随机选择一个样本, 通过 Random 方法为所选样本提供标注用于训练分类模型.

每组实验随机选择 20 个正类样本和 20 个负类样本组成初始训练集, 根据 5 个标注者的精度构造样本对应的标注集, 随机选择 1000 个样本组成测试集、1000 个样本组成无标注样本池. 使用上述三个数据集对所提出的 PMActive(Active + Active sampling) 方法与其他五种方法进行实验比较. 正如 4.4.1 节所述, 首先在初始训练集上学习一个分类模型, 继而, 在每轮迭代中, 分别使用不同的方法从无标注样本池中选择样本和获取对应的标注信息. 当把标注后的样本加入训练集后, 重新学习分类模型, 在测试集上对模型性能进行检验.

　　本书使用了 ROC 曲线与坐标轴围成的面积 AUC 值作为分类模型性能的度量标准. 图 4-7 同样给出了上述六种方法学习得到的分类模型对应 AUC 值随着迭代次数增加而变化的情况. 其中, 横坐标表示迭代选择和查询样本的数量, 纵坐标表示分类模型的 ROC 曲线线下面积的 AUC 值. 从图 4-7 可以看出, PMActive(Active + active sampling) 方法是这六种方法中性能最好, AUC 值最高的方法. 随着选择查询样本数量的增加, 分类模型的准确率逐步提高, 错误率逐步下降.

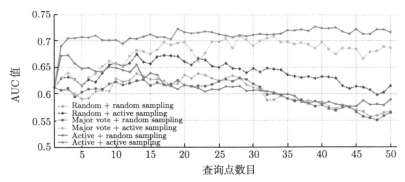

图 4-7　六种不同方法在乳腺癌数据集上的 AUC 值比较结果 (详见文后彩图)

　　在其余五种方法中, 同样使用主动学习过程选择样本, 即使用 ERS 样本选择方法从无标注样本池中选择最有帮助的样本. 但是, 当使用 Major vote 方法获得样本的标注信息时 (Major vote + active sampling), 随着训练集中样本数量的增加, 获得的分类模型精度反而下降. 该结果说明, 随着不可靠标注者被查询次数的增加, 训练样本获得错误标注信息的概率也随之增大, 训练集质量逐步下降, 从而造成了学习模型精度的下降. 因此, 当多个准确度未知的标注者同时为样本提供标注时, major vote 方法很容易受到不可靠标注者的影响, 不适用于实际应用任务当中. 当使用被动学习过程选择样本时, 三种不同的标注信息获取方式 (Random + Random sampling, Major vote + Random sampling 和 Active + Random sampling) 都无法有效提高分类模型的性能. 造成这一现象的原因是, 相对于良性样本, 恶性样本仅占无标注样本池中极少的一部分, 通过随机采样过程选择返回的样本大部分是良性, 即负类样本, 因此, 训练集包含了大量的负类样本和极少的正类样本. 在这种情况下, 即使通过选择可靠标注者和估计样本对应的正确标注, 分类模型的性能也很难提高. 通过上述实验中六种方法的比较, 说明了 PMActive 方法可以通过主动样本选择和标注估计过程, 得到有效的分类模型, 特别是在以下两种情况:

(1) 当所选择的无标注样本对应的正确标注信息未知且很难获得;

(2) 当无标注样本池中因正负类样本数量差异很大而造成分布不平衡. 使用主动标注估计技术和样本选择方法可以获得比其余五种方法更好的效果, 更加适用于实际问题.

其次, 在选择和查询相同数量的无标注样本条件下, 本书对主动标注估计技术的效果进行了验证. 为了验证 PMActive 方法获取正确标注信息方面的有效性, 这里将其与 "Golden-standard" 方法进行比较, 这两种方法学习分类模型的过程描述如下

- Golden-standard 方法: 从无标注数据池中随机选择 50 个样本, 对这些样本提供正确标注, 并加入训练集用于学习分类模型.

- PMActive 方法: 使用主动标注估计技术从无标注数据池中通过 ERS 样本选择方法主动迭代选择 50 个样本, 在每轮迭代过程中, 根据观察到的样本及其标注信息对标注者准确度进行估计, 然后, 通过向最可靠的标注者提交查询请求获得所选样本的标注信息和估计所选样本的正确标注, 并将标注后的样本用于分类模型的训练过程.

在图 4-8(a) 给出了这两种方法的 ROC 曲线, 计算对应的 AUC 值进行比较. 从图 4-8(a) 中可以看出, PMActive 方法对应的 AUC 值高于 "Golden-standard" 方法. 该结果说明, PMActive 方法学习分类模型的有效性.

为了验证各种方法对标注者精度估计的准确性, 图 4-8(b) 给出了 PMActive 方法对 5 个标注者在正负类别上准确度的估计值与真实值的比较结果. 其中, 敏感性 (Sensitivity) 表示标注者在正类别上的准确性 θ_j^1, 特异性 (Specificity) 表示标注者在负类别上的准确性 θ_j^0. 从图 4-8(b) 中可以看出, 对于 Oracle 1 和 Oracle 2 这两个可靠的标注者而言, 其敏

感性与特异性的估计值与真实值十分接近, 即 PMActive 方法正确估计了标注者在各个类别上的可靠性. 同时对 Oracle 3 至 Oracle 5 这三个不可靠的新手的敏感性与特异性的估计值与其真实值差异较大, 造成该现象的原因是, 整个迭代过程中, 不可靠的标注者仅在初始阶段提供了部分标注, 查询次数很少, 从而影响了可靠性估计的结果. 但是, 这一偏差结果并不影响分类模型的性能, 因为学习系统并没有向其提交查询请求.

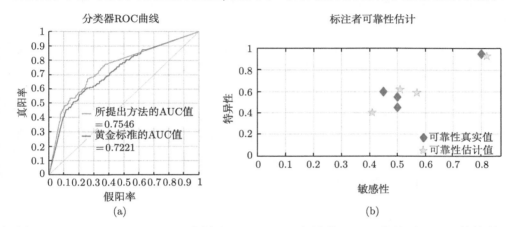

图 4-8　(a) Golden-standard 方法与 PMActive 方法的 ROC 曲线及 AUC 值比较;
(b) 五个标注者的精度估计结果比较

　　本章介绍了一种多标注者环境下的主动标注估计技术, 通过对已观察样本及标注信息建立概率模型, 估计提供标注信息的标注者的可靠性, 从中选择标注精度最高的标注者为所选样本提供标注, 同时, 估计所选样本对应的隐含正确标注, 将正确的标注信息用于分类模型的训练过程和下一轮标注者的可靠性预测. 本章提供了①UCI 数据集; ② 新闻组语料库; ③乳腺癌数据集上各种方法的实验比较与分析, 说明了主动学习更好地提升了分类模型的性能, 有效地减少了分类任务所需标注代价.

第 5 章　基于 Hash 数据结构的样本选择

已有样本选择方法假定选取样本的时间开销忽略不计. 然而, 当未标注样本数量巨大时, 对每一个未标注样本的信息含量进行预测需要花费巨大的时间代价, 造成了样本选择方法无法在短时间内快速返回所选样本, 增加了学习分类模型的时间花销. 当数据库中包含类别较多, 数据规模较大时, 主动学习就必须考虑样本选择过程中消耗的时间代价, 以最快的速度找到最有助于分类模型训练的无标注样本. 因此, 如何从大规模样本集中快速返回所选样本, 成为目前备受关注的问题之一, 主要包括如何克服该样本选择过程中的时间花销, 本章介绍了一种基于 Hash 数据结构的样本选择方法, 通过估计样本与分类界面之间的近似距离, 准确快速地返回与分类界面最接近的样本.

5.1　样本选择效率

在主动学习众多的样本选择方法中, 基于 margin 的样本选择准则被广泛用于各种应用领域, 例如: 文本分类、信息提取、图像与视频标注、语音识别、癌症诊断等, 该样本选择方法在这些应用任务中取得了良好的效果. 在基于 margin 的样本选择方法中, 采样引擎将可以半分当前假设空间的无标注样本视作最有助于分类模型训练的样本, 通过将这部分样本标注并用于训练, 达到减少标注代价的目的. 但是, 当数据库中包含的样本点数量巨大时, 基于 margin 的样本选择方法存在下列问题, 故很难直接应用.

首先, 基于 margin 的样本选择方法需要计算无标注数据池中的每个样本与分类界面之间的距离, 然后根据距离估计无标注样本包含的信息含量, 判断其是否是有利于分类模型训练的样本. 当无标注样本数量巨大时, 这一做法需要的时间开销较大, 难于满足在线标注系统的实时性要求. 因此, 迫切需要发掘有效的加速算法, 减少预测时间, 提高采样策略的效率.

其次, 虽然 Hash 数据结构广泛应用于信息检索领域, 特别是海量数据检索任务, 并在实际问题中取得了良好效果. 但是, 基于 Hash 数据结构的近似查找技术却大多局限于从数据库中返回与给定样本距离最近的单个数据记录 (Point-to-point), 即返回与给定样本最相似的前 k 条数据记录. 而很少用于查找与分类界面最接近的数据记录 (Point-to-hyperplane)[110], 即返回与给定分类界面距离最小的前 k 个样本. 事实上, 当样本点以 Hash 二值化数据结构的格式存储和计算时, 数据记录彼此之间的 Hamming 距离与样本点对应位置的 Hash 码碰撞的概率成反比. 因此, 利用这一结论, 加速样本点与分类界面距离计算的过程, 对提升基于 margin 的主动样本选择方法在大规模数据库上的工作效率具有重要的意义和实用价值.

最后, 通过对待分类样本中某些重要属性加权, 稀疏分类模型可以快速计算出大规模数据集上的分类界面[111,112], 该做法在实践中收到了良好的应用效果. 虽然, 基于 margin 的样本选择方法通过选择最接近分类界面的样本点可以有效提升稀疏分类模型的性能, 但是, 该样本选择方法却从未考虑过从稀疏模型的参数向量的自身特点, 加快预测样本点与分类界面距离的过程. 事实上, 由于稀疏分类模型在参数求解过程中所使用的优化算法的特殊性, 其参数向量中只包含了极少的非零值, 这些值与训练样本中某些重要属性所在维度相对应, 而其余大部分是零值, 利用这一特点, 通过参数向量中非零值对应的重要属性估计样本与分类界面的距离, 达到快速选择样本点的目的, 对提升主动样本选择方法的工作效率是大有裨益的.

综上所述, 本书在现有基于 margin 样本选择方法的基础上, 向读者介绍了一种利用 Hash 数据结构来快速准确返回与当前分类界面最接近的样本点的主动样本选择方法. 这一做法的特点是, 通过计算无标注样本与分类界面之间的近似距离, 避免了现有基于 margin 样本选择方法需要逐个计算样本与分类界面距离的步骤, 达到了快速准确返回所需样本的目的. 该样本选择过程的简要描述如下:

(1) 选择参数向量中重要的权重: 根据稀疏分类模型的特点, 模型参数向量中能够用于判断样本点与分类界面之间距离的元素是重要权重. 通过顺序扫描参数向量, 根据扫描得到的向量元素对测试集中的样本点进行排序, 选择能够区分前 k 个样本点的向量元素作为重要权重, 用于计算无标注样本与分类界面之间的近似距离.

(2) 计算样本与分类界面间的近似距离: 利用稀疏分类模型参数向量扫描得到的重要权重, 计算其与无标注样本点之间的近似距离. 根据近似距离, 返回与分类界面最接近的样本点.

5.2　基于 margin 的样本选择

正如本书前面几章所述, 在建立学习系统的过程中, 获取足够的样本和对应的标注信息是一项异常艰难的工作, 特别是当数据库中包含的数据类别数量较多, 数据规模较大时. 在分类任务中, 构建训练集过程中常用的方法是: 随机从数据库中选择一部分样本点, 通过标注者查询其对应的标注信息, 并使用这些标注样本建立训练集. 这一做法的缺点是: 训练集中将包含大量的负类样本, 标注这些负类样本花费了大量的时间, 进而, 没有很好地利用有效的标注者资源. 同时, 为了获得较高精度的分类模型, 这一做法需要很高的标注代价. 鉴于随机样本选择方法的缺点, 越来越多的研究人员关注使用主动样本选择方法来构建训练集, 即通过让学习系统与标注者进行交互的方式, 迭代构建训练集. 该做法的过程是: 从数据库中随机选择一小部分数据, 标注后学习一个分类模型; 根据该分类模型对剩余无标注样本的预测结果, 选择对当前分类模型训练最有帮助的无标注样本进行标注, 并用于分类模型的训练过程; 学习分类模型与选择样本加入训练集迭代进行, 直至达到预先设定的标注代价为止.

截至目前, 主动学习技术的理论和应用研究涌现出丰硕的成果. 其中, 基于 margin 的主动样本选择方法与 SVM 分类模型相结合, 这一做法在实际应用中最为广泛. 在基于 margin 的主动样本选择方法中, 最接近分类界面的样本点看作对学习分类模型的帮助最大, 样本选择方法迭代选择这些样本点, 标注和训练分类模型. 该样本选择方法的特点是计算简单, 时间复杂度低, 不仅在实际任务中收到了良好的训练效果, 同时具有坚实可靠的理论基础, 即选择了能够半分假设空间的样本点加入训练集, 减少了标注复杂度. 但是, 该样本选择方法需要对无标注样本池中每个样本点与分类界面的距离进行计算, 当无标注样本池中包含大规模数据点时, 该做法极大地限制了主动样本选择方法的实际应用效果, 增加了训练分类模型的时间. 为了减少基于 margin 主动样本选择方法在构造训练集过程中的时间开销, 研究人员使用聚类或者随机降采样技术[113] 对其加以改进. 例如: Panda 等[113] 首先对无标注样本点聚类, 选择最接近分类界面的聚类中心添加标注信息, 并使用这一技术建立数据库索引, 快速搜索样本点. 遗憾的是, 他们并没有考虑聚类中心对分类模型的影响, Jain 等[114] 指出, 该做法不能为基于 margin 的样本选择方法提供任何理论依据, 因而也无法在理论保证的前提条件下进行样本选择.

不同于主动学习技术中致力于搜索与分类界面最接近的样本点, 针对样本点的相似性搜素是很多应用领域的核心问题之一, 如图像检索、数据压缩[115–119] 等. 这些工作中, 大部分研究人员通过局部敏感 Hash 技术为样本点之间的快速搜索提供了有效解答, 即使用随机 Hash 函数将彼此相似的样本点映射到相同的 Hash 桶中. 当从数据库中搜索样本点时, 仅需要搜索数据库中的子集, 而非扫描整个数据库[117–119]. 但是, 这些技术仅仅针对给出的单一样本点进行搜索, 因而并不适用于主动学习中搜索与分类界面最接近的样本点. 近年来, 一些主动学习的研究人员考虑将 Hash 技术引入样本选择过程中. 例如: Jain 等[114] 通过设计局部敏感 Hash 函数, 将欧氏空间中的角度距离转化为嵌入空间中的 Hamming 距离, 进而, 找到与分类界面夹角最小的样本点, 即与分类界面最近的样本点. 但是, 该方法必须使用 Hash 函数, 将连续值的样本点映射为离散的 0-1 码, 不能与已有的图像高层语义特征提取方法相结合, 如 classemes[123], picode[124] 等.

本书向读者介绍了一种基于 Hash 数据结构的主动样本选择方法, 该方法试图解决的问题是, 从数据库中搜索与当前分类假设界面最接近的样本点, 即找到最接近当前分类界面的样本点. 鉴于基于 Hash 数据结构的语义特征众多, 本书仅以图像数据为例向读者展示该方法的特点. 假定数据库中的样本点为每幅图像的稀疏或压缩描述子, 即样本点使用 0-1 码的格式存储在 Hash 表中. 在主动学习的迭代样本选择过程中, 顺序扫描当前分类模型的参数向量, 根据每一个扫描得到的向量元素, 逐个对测试集中的样本点进行排序, 剪除与搜索概念不相似样本点, 直至获得前 k 个样本点. 将此时扫描过的向量元素保存为重要权重, 用于计算无标注样本池中样本点与分类界面的近似距离, 返回近似距离最小的样本点作为样本选择的结果.

5.3　基于 Hash 数据结构的样本选择

当无标注数据类别很多, 数量巨大时, 主动学习必须考虑样本选择的时间消耗对学习过程的影响. 第 4 章详细讨论了如何在多标注者的条件下, 通过选择可靠的标注者和估计样本对应正确标注, 主动学习能最大化学习系统的增益信息. 因此, 这里着重考虑如何减少样本选择方法对应的时间代价 $C(x)$, 即主动学习选择样本的标准为

$$x^* = \arg\max_x V(f(x|w)) - C(x) \tag{5-1}$$

这里, $V(f(x|w))$ 表示学习系统通过样本选择过程获得的信息增益. 当样本数量巨大时, 通过核变换等方法, 对图像底层特征进行变换, 逐个计算样本到分类界面的距离, 继而计算无标注样本对当前分类模型训练的影响程度. 这一方法往往需要很长的计算时间, 无法适应现实情况下, 主动学习技术选择样本训练分类模型的过程. 在这一过程中, 单个无标注样本对应的时间代价 $C(x)$ 与计算样本 x 对应的后验概率值 $p(y|x,w)$ 成正比, 即与计算样本到分类界面的距离耗费的时间长度成正比. 所以, 利用 Hash 数据结构快速获取无标注样本池中所有样本到分类界面的近似距离, 直接返回最接近分类界面的样本, 达到减少样本选择在未标注图像数据较大量环境中时间代价的目的.

5.3.1　近似距离

首先, 本书向读者介绍所需要的基本概念, 在此基础上, 给出分类模型需要优化的目标函数的形式化定义. 假设数据库中所有样本点以 0-1 码的形式存储, 则样本点为 $x_i \in \{0,1\}^c$, 其中, c 是 0-1 码的位数. 在学习过程中, 训练样本表示为 $X = \{x_i\}_{i=1}^n$, n 个样本点对应的标注表示为 $Y = \{y_i\}_{i=1}^n, y_i \in \{+1,-1\}$. 因此, 在观察到的标注样本集 $D = \{(x_i, y_i)\}_{i=1}^n$ 上可以获得参数为 w 的分类模型 $f_w : X \to Y$. 参数向量

$\boldsymbol{w}$ 根据以下优化问题求解[120]:

$$\min_{w} \|\boldsymbol{w}\|_1 + C \sum_{i=1}^{n} \xi\left(\boldsymbol{w}; \boldsymbol{x}_i, y_i\right) \tag{5-2}$$

在上式中, $\|\boldsymbol{w}\|_1$ 是通过 l_1 规则化求取的稀疏解; $\xi\left(\boldsymbol{w}; \boldsymbol{x}_i, y_i\right)$ 是衡量分类模型错误率的损失函数. 根据所使用的分类模型不同, 学习过程使用不同的损失函数形式. 当使用逻辑回归 (L1-LR) 作为分类模型时, 大多使用 log 损失函数, 即 $\xi\left(\boldsymbol{w}; \boldsymbol{x}_i, y_i\right) = \log\left(1 + \exp\left(-y_i \boldsymbol{w}^{\mathrm{T}} \boldsymbol{x}_i\right)\right)$; 当使用 SVM 作为分类模型时, 大多使用的损失函数形式为 $\xi\left(\boldsymbol{w}; \boldsymbol{x}_i, y_i\right) = \max\left(0, 1 - y_i \boldsymbol{w}^{\mathrm{T}} \boldsymbol{x}_i\right)^2$.

类似地, 同样假定主动样本选择过程中的无标注样本池为 $U = \{\boldsymbol{x}_i\}_{i=n+1}^{n+m}$, 其中包含了数据库中所有无标注样本, 同时, $m \gg n$. 基于 margin 的样本选择方法对应的目标函数是

$$\boldsymbol{x}^* = \underset{x \in U}{\arg\min} \left|\boldsymbol{w}^{\mathrm{T}} \boldsymbol{x}\right| \tag{5-3}$$

在式 (5-3) 中, 参数向量 $\boldsymbol{w} = (w^1, w^2, \cdots, w^c)$ 包含 c 个元素, 与样本点的 0-1 码位数相同. 样本选择的主要思想是: 从参数向量 $\boldsymbol{w} = (w^1, w^2, \cdots, w^c)$ 选择 c' 个元素, 组成子集 $\boldsymbol{w}' \subset \boldsymbol{w}$, 使得根据 $\boldsymbol{w}'$ 可以计算出无标注样本与分类界面真实距离的最接近值, 根据该近似值选择最接近分类界面的样本点, 减少根据 $\boldsymbol{w}$ 计算真实距离值选择样本这一过程的时间开销. 根据这一思想, 无标注样本点与分类界面的近似距离可以表示为

$$\forall \boldsymbol{x}_i \in U, \quad d_i = \left|\sum_{j=1}^{c'} w^j x_i^j\right|, \quad w^j \in \boldsymbol{w}', \ c' < c \tag{5-4}$$

在式 (5-4) 中, 向量 $\boldsymbol{w}'$ 应当由向量 $\boldsymbol{w}$ 中所有重要元素组成, 根据稀疏分类模型的特点, 这些元素也就是能准确反映分类模型在测试集上分类性能的元素. 因此, 这里使用信息检索领域中 top-k 降序作为度量标准, 即能够从无标注样本集中找出前 k 个样本点的权重元素组成的向量是重要权重 $\boldsymbol{w}'$.

5.3.2 权重选择

假定测试集表示为 C, 则分类模型在测试集上的输出表示为: $s =$

$\boldsymbol{w}^{\mathrm{T}}\boldsymbol{x}$, $\boldsymbol{x} \in C$. top-k 降序准则可描述为: 根据 s 值的大小, 返回一组测试样本 $D' \subset C$, 使得属于该集合的样本点具有比 C 中剩余样本点对应的 s 值更大. 利用这一准则, 判断 $\boldsymbol{w}'$ 有效性的条件是: 给定一个降序集 $D' = \{\boldsymbol{x}_i\}_{i=1}^{k}$, 集合 D' 包含所选择的 top-k 个样本, 则

$$\forall \boldsymbol{x} \in D', \quad \boldsymbol{w}'^{\mathrm{T}}\boldsymbol{x} > \max_{\hat{x} \in C-D'} \boldsymbol{w}^{\mathrm{T}}\hat{\boldsymbol{x}} \tag{5-5}$$

为了减少获取 $\boldsymbol{w}'$ 的时间, 这里使用剪枝方法, 逐步移除 C 中不可能成为 top-k 降序中的样本, 直至 C 中剩余样本等于 k 为止. 该剪枝过程通过更新 s 值的上界和下界实现[121]. 但是, 不同于文献 [121], 在 top-k 剪枝过程中, 保留了所扫描过的向量元素, 并利用这些元素计算无标注样本与分类界面的距离.

　　与文献 [121] 中 top-k 剪枝步骤类似, 对于任意的 $\boldsymbol{x}_i \in C$, 同样给出该样本点对应的 s_i 值, 并对其分别定义下界 $\underline{s}_i$ 和上界 $\bar{s}_i$. $\underline{s}_i$ 和 $\bar{s}_i$ 的初始值为

- 对于所有的 $w^j \in \boldsymbol{w}$, 将所有 $w^j < 0$ 的元素进行加和得到 $\underline{s}_i$;
- 对于所有的 $w^j \in \boldsymbol{w}$, 将所有 $w^j > 0$ 的元素进行加和得到 $\bar{s}_i$.

其中, $\underline{s}_i$ 表示 s_i 值可能达到的最低值, 得到该值的理想条件为, 样本向量的 0-1 码中所有非零值都出现在 $w^j < 0$ 的位置, 同时, 所有零值都出现在 $w^j > 0$ 的位置. 同理, $\bar{s}_i$ 反映了 s_i 值可能达到的最高值, 得到该值的理想条件为, 样本向量的 0-1 码中所有非零值和零值分别出现在 $w^j > 0$ 和 $w^j < 0$ 的位置.

　　为了加快扫描参数向量的效率, 首先需要对参数向量 $\boldsymbol{w}$ 中的 c 个元素 $\boldsymbol{w} = (w^1, w^2, \cdots, w^c)$ 按照它们的绝对值大小进行排序, 得到 $|w^{\theta_1}| \geqslant |w^{\theta_2}| \geqslant \cdots \geqslant |w^{\theta_c}|$. 通过逐个扫描该降序中的元素, 根据元素的绝对值, 更新 $\underline{s}_i$ 和 $\bar{s}_i$ 的值. 假定主动学习在第 θ_t 步观察到 $|w^{\theta_t}|$, 其中, $w^{\theta_t} > 0$, 更新规则为

- 对于每个样本 $\boldsymbol{x}_i \in C$, 如果 $x_i^{\theta_t}$ 等于 1, $\underline{s}_i$ 的值增加 w^{θ_t}, 否则, $\bar{s}_i$ 的值减少 w^{θ_t}.

　　相反, $w^{\theta_t} < 0$, 更新规则为

- 对于每个样本 $\boldsymbol{x}_i \in C$, 如果 $x_i^{\theta_t}$ 等于 1, 则 $\bar{s}_i$ 的值增加 w^{θ_t}, 否则 $\underline{s}_i$ 的值减少 w^{θ_t}.

在上述步骤中, 随扫描元素和更新步骤的增加, $\bar{s}_i$ 的值逐渐单调减少, $\underline{s}_i$ 的值逐渐单调上升. 因此, 测试集中剩余样本点中, 如果样本点对应的上界值小于当前 top-k 样本序列中下界的最小值, 则该样本点在后续扫描和更新步骤中不可能成为 top-k 降序中的元素, 可以在当前步骤中直接移除这些样本. 因此, 随着剪枝次数的增加, 测试集中剩余样本的数量逐步减少, 当测试集中剩余样本数量为 k 时, 即 $|D'| = |C|$, 扫描停止. 此时, 参数向量中已经扫描过的元素保存为重要权重 $\boldsymbol{w}'$, 用于计算无标注样本的近似距离. 在实现过程中, 为了减少计算开销, 扫描元素的同时, 本书按照该元素对应的位置, 使用该元素与无标注样本该位置上的 0-1 码直接计算距离, 当扫描过程结束时, 样本选择方法可以直接输出无标注样本点的近似距离. 最后, 图 5-1 给出了基于 Hash 数据结构的主动样本选择方法的具体实现过程.

基于Hash数据结构的样本选择

输入: 训练样本集 D, 无标注样本集 U, 无标注样本对应索引集 I, 测试样本对应索引集 C.

输出: 分类模型.

//初始化过程:

1. 在训练样本集 D 上学习分类模型 f_w.

2. 对分类模型的参数向量 $\boldsymbol{w}$ 中包含元素进行排序, 获得排序后索引集 $\Theta = \{\theta_t\}_{t=1}^c$.

3. 初始化每个无标注样本的上下界值:

$$\forall i \in I, \quad d_i = \sum_{j=1 \atop s.t. w^j=0}^c w^j$$

$$\forall i \in C, \quad \bar{s}_i = \sum_{j=1 \atop s.t. w^j>0}^c w^j, \quad \underline{s}_i = \sum_{j=1 \atop s.t. w^j<0}^c w^j$$

//主动样本选择过程:

4. **For** $t=1,2,\cdots,c$

5.   **For** $i \in I$

6.   If $x_i^{\theta_t}==1$

7.   then $d_i = d_i + w^{\theta_t}$

8.   **EndFor**

9.   If $w^{\theta_t} > 0$

10.   **For** $i \in C$

11.   If $x_i^{\theta_t}==1$

12.   then $\underline{s}_i = \underline{s}_i + w^{\theta_t}$

13.   Else $\bar{s}_i = \bar{s}_i - w^{\theta_t}$

14.   **EndFor**

15.   Else if $w^{\theta_t} < 0$

```
16.      For i ∈ C
17.          If x_i^{θ_i}==1
18.              then s̄_i = s̄_i + w^{θ_i}
19.              Else s_i = s_i − w^{θ_i}
20.      EndFor
21. 对样本对应的下界值进行排序, 并将排序在top-k 的样本索引值存入集合 D'.
22. C=C−{i|s̄_i< min_{j∈D'} s_j, i ∈ C}
23. If |D'|==|C|
24.      then break
25. EndFor
26. ∀ x_i ∈ U, 获取d_i最小值对应的样本 x_i.
27. 返回样本 x_i 作为所选样本 x* 并获得其对应标注信息 y*.
28. D=D∪{x*, y*}, U=U−{x*, y*}.
End
```

图 5-1 基于 Hash 数据结构的样本选择

5.4 图像检索应用

本书在 Caltech-256 图像库[122] 上对算法的性能进行了分析. 为了衡量分类模型的精确度, 本书召回前 25 幅图像 (top-25), 将该集合上的精度作为衡量标准 (precision@25). 为了证明样本选择方法的有效性, 本书使用以下两种样本选择方法作为比较准则:

- 随机样本选择方法: 使用均与采样从无标注样本集中随机选择样本点;
- 基于 margin 的主动样本选择方法: 使用公式 (5-3) 计算每个无标注样本点与分类界面的真实距离, 选择该值最小的样本点.

本书使用了 Caltech-256 图像库中所有的 256 个类别, 共 30000 多幅图像, 进行实验. 共计 256 个对象类别识别问题, 对于每类问题, 本书采用一对多的策略将多类别识别问题转化为 256 个两类分类问题. 本书使用图像的高层语义特征, 将每幅图像转化为 0-1 码, 存储在 Hash 数据表中, 所用的两种特征是: ① classemes 特征 (Hash 码的位数为 2659)[123]; ②picodes 特征 (Hash 码的位数为 2048)[124]. 本书分别从每类图像中随机选择 25 幅图像, 共 6400 幅图像, 组成测试集, 用于每轮迭代中测试分类模型的性能变化. 从每类图像中随机选择 5 幅图像, 共 1280 幅图像, 组成初始训练集, 用于训练初始分类模型. 图像库中剩余图像组成样本选择过程中的无标注样本池, 用于学习过程从中进行样本选择. 在每组实验中, 首先在初始训练集上训练得到一个 SVM 或 L1-LR 分类模型[100], 在每轮迭代中, 使用不同的样本选择方法抽取一个无标注样本, 查询标注并加入训练集, 重新训练分类模型, 在测试集上验证模型的分类性能. 对每个对象类别识别任务, 随机进行 10 次实验, 并取平均值作为结果进行比较.

首先, 通过实验衡量了基于 Hash 数据结构的样本选择方法在提升模型分类性能方面的能力. 在每个两类分类任务中, 本书分别使用基于 Hash 数据结构的主动样本选择方法和随机样本选择方法, 从无标注样本集中选择样本, 分别训练 SVM 和 L1-LR 分类模型, 在图 5-2 中给出分

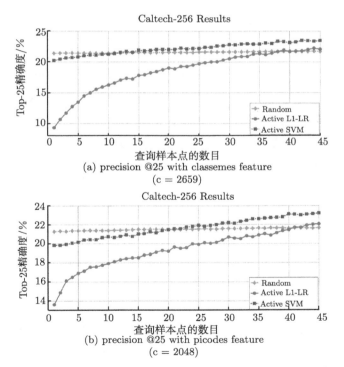

图 5-2   Caltech-256 图像库上, 标注代价不同时, 基于 Hash 数据结构的主动样本选择方法和随机样本选择方法分别训练分类模型对应的 precision@25 比较结果
三种方法的精度值变化曲线分别使用菱形、正方形和圆形点连线画出

类模型精度的变化结果. 从图 5-2 可以看出, 在最初的几轮迭代中, 基于
Hash 数据结构的主动样本选择方法训练的 L1-LR 模型在几种方法中具
有最低精度值, 这是因为当训练集中标注样本数量较少时, L1-LR 分类模
型的参数向量没有包含足够的参数元素, 所得到的重要权重不具有代表
性, 不能准确计算分类距离. 但是, 随着选择样本数量的增加, 基于 Hash
数据结构的主动样本选择方法训练的 L1-LR 分类模型的精度快速提高,
最终超过了随机采样策略. 与基于 Hash 数据结构的主动样本选择方法
训练的 SVM 分类模型相比, L1-LR 分类模型的参数向量稀疏性更强, 返
回结果的时间更短. 在图 5-2(a) 和图 5-2(b) 中, 选择样本数目为 10 时,
基于 Hash 数据结构的主动样本选择方法训练 SVM 分类模型获得了几
种方法的最高精度值. 选择样本数目为 40 时, 基于 Hash 数据结构的主
动样本选择方法对应的 L1-LR 分类模型和 SVM 模型获得了比随机样
本选择方法更高的精度值. 该实验结果说明: 在标注代价相同的条件下,
基于 Hash 数据结构的主动样本选择方法比随机样本选择方法训练分类
模型的精确度更高.

其次, 在每个对象类别上, 分别对不同样本选择方法训练所得分类模
型的精度增益进行比较. 实验分别使用基于 Hash 数据结构的主动样本
选择方法和随机样本选择方法选择相同数目的样本, 标注后训练 L1-LR
分类模型和 SVM 分类模型, 在测试集上分别测试模型的分类性能. 然后,
以随机样本选择方法训练分类模型的精度值作为标准, 计算相同标注代
价下, 基于 Hash 数据结构的主动样本选择方法训练的相同模型的精度
增益值. 最后, 按照精度增益值的高低进行排序, 在图 5-3 中, 本书给出了
精度增益值最高的 100 个对象类别, 展示了通过多次实验, 两种样本选
择方法学习分类模型在各个类别上对应精度增益值的平均值和方差. 从
比较结果可以看出, 在大多数对象类别上, 使用 L1-LR 模型和 SVM 模
型, 基于 Hash 数据结构的主动样本选择方法获得了最高的增益值.

再次, 实验给出了基于 Hash 数据结构的主动样本选择方法 (Hash-
based Active) 与已有基于 margin 的主动样本选择方法 (Traditional Ac-
tive) 在样本选择过程中的平均查询时间比较结果. 图 5-4 对这两种采样
策略在各个类别上的查询时间按照多少进行排序, 比较其时间花销的大
小. 其中, 图中结果是通过多次重复实验, 取两种样本选择方法对应查

询时间的平均值进行比较. 从图 5-4 中可以看出, 在 256 个对象类别上, 基于 margin 的主动样本选择方法需要的平均查询时间多于 10 秒, 与之相比, 在大多数对象类别上, 基于 Hash 数据结构的主动样本选择方法需要的时间小于该值, 平均查询时间在 7~10 秒. 该结果说明: 基于 Hash 数

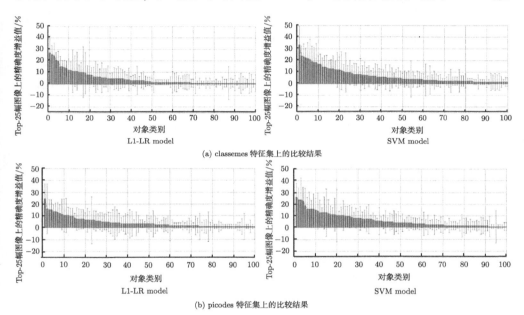

(a) classemes 特征集上的比较结果

(b) picodes 特征集上的比较结果

图 5-3　前 100 个类别上基于 Hash 数据结构的主动学习

与被动学习的精度增益比较

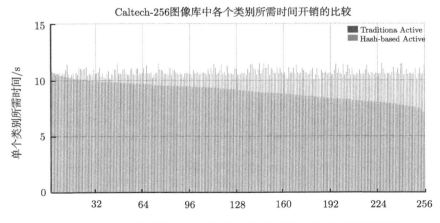

图 5-4　各个对象类别上查询时间比较结果 (详见文后彩图)

据结构的主动样本选择方法可以有效减少样本查询时间, 以更快速度返回样本选择结果.

最后, 本书给出了基于 Hash 数据结构的主动样本选择方法, 随机样本选择方法和基于 margin 的主动样本选择方法在测试集上的检索结果, 并进行比较. 图 5-5 分别给出了这三种样本选择方法从测试集中召回前 25 幅图像和其对应 precision@25 精度值. 从图 5-5 中可以看出, 在大多数对象类别上, 基于 Hash 数据结构的主动样本选择方法与基于 margin 的主动样本选择方法获得的 precision@25 精度值基本相似, 远远超过了随机样本选择方法获得的精度值. 同时, 基于 Hash 数据结构的主动样本选择方法需要花费的时间小于已有的基于 margin 的主动样本选择方法 (图 5-4). 这一结果说明, 基于 Hash 数据结构的主动样本选择方法通过计算近似距离来快速返回最接近分类界面的样本的做法, 不但可以有效提升分类模型性能, 也可以减少已有的基于 margin 的主动样本选择方法所对应的时间开销.

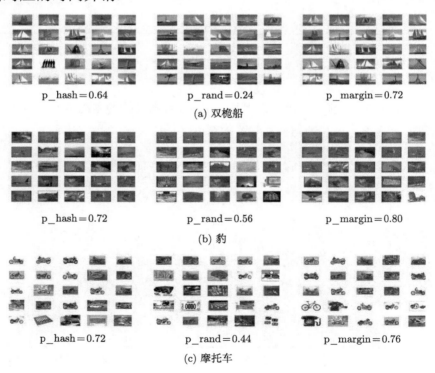

p_hash＝0.64　　　　　　p_rand＝0.24　　　　　　p_margin＝0.72

(a) 双桅船

p_hash＝0.72　　　　　　p_rand＝0.56　　　　　　p_margin＝0.80

(b) 豹

p_hash＝0.72　　　　　　p_rand＝0.44　　　　　　p_margin＝0.76

(c) 摩托车

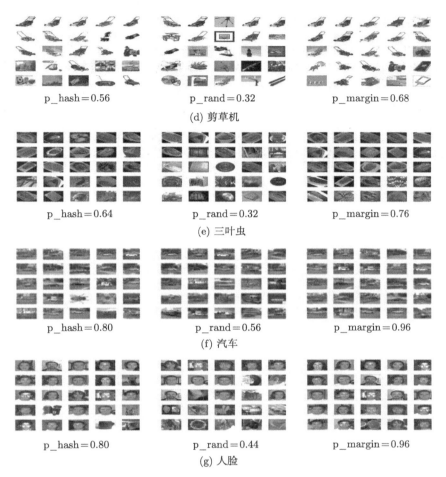

p_hash=0.56   p_rand=0.32   p_margin=0.68

(d) 剪草机

p_hash=0.64   p_rand=0.32   p_margin=0.76

(e) 三叶虫

p_hash=0.80   p_rand=0.56   p_margin=0.96

(f) 汽车

p_hash=0.80   p_rand=0.44   p_margin=0.96

(g) 人脸

图 5-5 标注代价相同时, 三种样本选择方法获得的检索结果比较

p_hash, p_rand 和 p_margin 分别表示基于 Hash 数据结构的主动样本选择方法, 随机样本选择方法和基于 margin 的主动样本选择方法对应的 precision@25 精度值

在图 5-4 中, 各个对象类别上查询时间的比较结果图中可以看出, 在全部 256 个对象类别上, 基于 Hash 数据结构的主动样本选择方法与已有基于 margin 的主动样本选择方法相比, 单一对象类别的查询时间减少了 3~4 秒, 减少百分比为 30%~40%. 在图 5-5 中, 单一对象类别上, 与基于 margin 的主动样本选择方法相比, 精度下降百分比在 5.26%~17.65%.

本章介绍了一种基于 Hash 数据结构的主动样本选择方法, 其目的是解决如何从包含样本点数目巨大, 数据类别很多的数据库中快速返回最接近当前分类界面的样本点这一问题. 该问题是未标注数据较大条件下, 主动学习技术领域涌现出的新问题, 已有基于 margin 的主动样本选择方法不能很好处理该问题的原因是: 样本选择过程需要逐个计算每个样本点与分类界面的距离, 并依此估计无标注样本的信息含量, 该做法需要很高的时间消耗. 与之不同的是, 基于 Hash 数据结构的主动样本选择方法通过顺序扫描分类模型参数向量, 获得了重要权重, 并使用其估计无标注样本与分类界面的近似距离.

参 考 文 献

[1] Xue Y, Liao X, Carin L, Krishnapuram B. Multi-task learning for classification with Dirichlet process priors [J]. Journal of Machine Learning Research, 2007, 8: 35–63

[2] Shi X, Fan W, Ren J. Actively transfer domain knowledge. Machine Learning and Knowledge Discovery in Databases[G]//Lecture Notes in Computer Science 5212: Proc of ECML PKDD. Berlin: Springer, 2008: 342–357

[3] Yan Y, Rosales R, Fung G, Dy J. Active learning from crowds [C]//Proc of ICML 2011. New York: ACM, 2011: 1161–1168

[4] Raykar V C, Yu S, Zhao L H, Valadez G H, Florin C, Bogoni L M. Learning from crowds [J]. Journal of Machine Learning Research, 2010, 11: 1297–1322

[5] Wang M, Hua X S. Active learning in multimedia annotation and retrieval: A survey [J]. ACM Transactions on Intelligent Systems and Technology, 2011, 2:1–21

[6] Wang M, Hua X S, Song Y, Tang J, Dai L R. Interactive video annotation by multi-concept multi-modality active learning [C]//Proc of ICSC 2007. NJ: IEEE, 2007: 321–328

[7] Kapoor A, Grauman K, Urtasun R, Darrell T. Gaussian processes for object categorization [J]. International Journal of Computer Vision, 2010, 88: 169–188

[8] Vijayanarasimhan S, Grauman K. Cost-sensitive active visual category learning [J]. International Journal of Computer Vision, 2011, 91(1): 24–44

[9] Robin B. Conceptual indexing and active retrieval of video for interactive learning environments [J]. Knowledge-Based Systems, 1996, 9: 491–499

[10] Vijayanarasimhan S. Active Visual Category Learning [D]. Graduate School of The University of Texas at Austin, 2011

[11] Everingham M, Gool L V, Williams C K I, Winn J, Zisserman A. The PASCAL visual object classes challenge 2007 [M/OL]. http://www.pascal network.org/challenges/VOC/voc2007

[12] Huiskes M J, Lew M S. The MIR flickr retrieval evaluation [C]//Proc of ACM MIR 2008. New York: ACM, 2008: 39–43

[13] Tong S, Koller D. Support vector machine active learning with applications to text classification [J]. Journal of Machine Learning Research, 2001, 2: 45–66

[14] Raghavan H, Madani O, Jones R. Active learning with feedback on both features and instances [J]. Journal of Machine Learning Research, 2006, 7: 1655–1686

[15] Hoi S C H, Jin R, Lyu M R. Batch mode active learning with applications to text categorization and image retrieval [J]. IEEE Transactions on Knowledge and Data Engineering, 2009, 21: 1233–1248

[16] Zhu J, Wang H, Hovy E, Ma M. Confidence-based stopping criteria for active learning for data annotation [J]. ACM Transactions on Speech and Language Processing, 2010, 6: 1–24

[17] Zhu J, Wang H, Tsou B K, Ma M. Active learning with sampling by uncertainty and density for data annotations [J]. IEEE Transactions on Audio, Speech and Language Processing, 2010, 18: 1323–1331

[18] Liu Y. Active learning with support vector machine applied to gene expression data for cancer classification [J]. Journal of Chemical Information and Computer Sciences, 2004, 44: 1936–1941

[19] Settles B. Active learning literature survey [R]. Computer Sciences Technical Report 1648, University of Wisconsin-Madison, 2009

[20] Zhu X. Semi-supervised learning literature survey [R]. Computer Sciences Technical Report 1530, University of Wisconsin, 2005

[21] Tomanek K, Olsson F. A web survey on the use of active learning to support annotation of text data [C]//Proc of HLT-NAACL. Stroudsburg. PA: ACL, 2009: 45–48

[22] Guyon I, Cawley G, Dror G. Design and analysis of the WCCI 2010 active learning challenge [C]//Proc of IEEE/INNS IJCNN 2010. NJ: IEEE, 2010: 1–8

[23] Angluin D. Queries and concept learning [J]. Machine Learning, 1988, 2: 319–342

[24] Dasgupta S, Langford J. A tutorial on active learning [R]. Tutorial summary: Active learning, International Conference of Machine Learning, 2009

[25] Liu A, Jun G, Ghosh J. A self-training approach to cost sensitive uncertainty sampling [J]. Machine Learning, 2009, 76(2–3): 257–270

[26] Baum E B, Lang K. Query learning can work poorly when a human oracle is used [C]//Proc of IEEE IJCNN 1992. NJ: IEEE, 1992: 335–340

[27] Cohn D, Atlas L, Ladner R. Improving generalization with active learning [J]. Machine Learning, 1994, 15(2): 201–221

[28] Seung H S, Opper M, Sompolinsky H. Query by committee [C]//Proc of COLT 1992. New York: ACM, 1992: 287–294

[29] Dasgupta S, Kalai A, Monteleoni C. Analysis of perceptron-based active learning [J]. Journal of Machine Learning Research, 2009, 10: 281–299

[30] Dagan I, Engelson S P. Committee-based sampling for training probabilistic classifiers [C]//Proc of ICML 1995. San Francisco, CA: Morgan Kaufmann, 1995: 150–157

[31] Yu H. SVM selective sampling for ranking with application to data retrieval [C]//Proc of ACM SIGKDD 2005. New York: ACM, 2005: 354–363

[32] Moskovitch R, Nissim N, Stopel D. Improving the detection of unknown computer worms activity using active learning [G]// Lecture Notes in Computer Science 4667: Proc of 30th German Conf on AI 2007. Berlin: Springer, 2007: 489–493

[33] Thompson C A, Califf M E, Mooney R J. Active learning for natural language parsing and information extraction [C]//Proc of ICML 1999. San Francisco, CA: Morgan Kaufmann, 1999: 406–414

[34] Lewis D, Catlett J. Heterogeneous uncertainty sampling for supervised learning [C]//Proc of ICML 1994. San Francisco, CA: Morgan Kaufmann, 1994: 148–156

[35] McCallum A, Nigam K. Employing EM in pool-based active learning for text classification [C]//Proc of ICML 1998. San Francisco, CA: Morgan Kaufmann, 1998: 359–367

[36] Tong S, Koller D. Support vector machine active learning with applications to text classification[C]//Proc of ICML 2000. San Francisco, CA: Morgan Kaufmann, 2000: 999–1006

[37] Hoi S C H, Jin R, Lyu M R. Large scale text categorization by batch mode active learning [C]//Proc of WWW 2006. New York: ACM, 2006: 633–642

[38] Settles B, Craven M. An analysis of active learning strategies for sequence labeling tasks [C]//Proc of EMNLP 2008. Stroudsburg, PA: ACL, 2008: 1069–1078

[39] Tong S, Chang E. Support vector machine active learning for image retrieval [C]//Proc of MULTIMEDIA 2001. New York: ACM, 2001: 107–118

[40] Zhang C, Chen T. An active learning framework for content based information retrieval [J]. IEEE Trans on Multimedia, 2002, 4(2): 260–268

[41] Yan R, Yang J, Hauptmann A. Automatically labeling video data using multi-class active learning [C]//Proc of IEEE ICCV 2003. NJ: IEEE, 2003: 516–523

[42] Hauptmann A, Lin W, Yan R. Extreme video retrieval: joint maximization of human and computer performance [C]//Proc of MULTIMEDIA 2006. New York: ACM, 2006: 385–394

[43] Liu Y. Active learning with support vector machine applied to gene expression data for cancer classification [J]. Journal of Chemical Information and Computer Sciences, 2004, 44: 1936–1941

[44] Balcan M F, Broder A Z, Zhang T. Margin based active learning [G]//Lecture Notes in Computer Science 4539: Proc of COLT 2007. Berlin: Springer, 2007: 35–50

[45] Dasgupta S, Kalai A T, Monteleoni C. Analysis of perceptron-based active learning [G]// Lecture Notes in Computer Science 3559: Proc of COLT 2005. Berlin: Springer, 2005: 249–263

[46] Dasgupta S. Coarse sample complexity bounds for active learning [C]//Proc of NIPS 2005. Cambridge: MIT Press, 2006: 235–242

[47] Balcan M F, Hanneke S, Wortman J. The true sample complexity of active learning [C]//Proc of COLT 2008. Madison: Omni Press, 2008: 45–56

[48] Dasgupta S. Analysis of a greedy active learning strategy [C]//Proc of NIPS 2004. Cambridge: MIT Press, 2005: 337–344

[49] Freund Y, Seung H S, Shamir E, Tishby N. Selective sampling using the query by committee algorithm [J]. Machine Learning, 1997, 28(2/3): 133–168

[50] Gilad-Bachrach R, Navot A, Tishby N. Query by committee made real [C]//Proc of NIPS 2005. Cambridge: MIT Press, 2006: 443–450

[51] Balcan M, Beygelzimer A, Langford J. Agnostic active learning [C]//Proc of ICML 2006. New York: ACM, 2006: 65–72

[52] Hanneke S. A bound on the label complexity of agnostic active learning [C]//Proc of ICML 2007. New York: ACM, 2007: 353–360

[53] Dasgupta S, Hsu D, Monteleoni C. A general agnostic active learning algorithm [C]//Proc of NIPS 2007. Cambridge: MIT Press, 2008: 353–360

[54] Beygelzimer A, Dasgupta S, Langford J. Importance weighted active learning [C]//Proc of ICML 2009. New York: ACM, 2009: 49–56

[55] Wang W, Zhou Z. On multi-view active learning and the combination with semi-supervised learning [C]//Proc of ICML 2008. New York: ACM, 2008: 1152–1159

[56] Hanneke S. Rates of convergence in active learning [J]. The Annals of Statistics, 2011, 39(1): 333–361

[57] Castro R M, Nowak R D. Upper and lower error bounds for active learning [C]//Proc of Allerton 2006. Red Hook, NY: Curran Associates, 2007: 225–234

[58] Kaariainen M. Active learning in the non-realizable case [G]// Lecture Notes in Artificial Intelligence 4264: Proc of ALT 2006. Berlin: Springer, 2006: 63–77

[59] Cavallanti G, Cesa-Bianchi N, Gentile C. Linear classification and selective sampling under low noise conditions [C]//Proc of NIPS 2008. Cambridge: MIT Press, 2009: 249–256

[60] Castro R M, Nowak R D. Minimax bounds for active learning [J]. IEEE Trans on Information Theory, 2008, 54(5): 2339–2353

[61] Wang L. Sufficient conditions for agnostic active learnable [C]//Proc of NIPS 2009. Cambridge: MIT Press, 2010: 1999–2007

[62] Wang W, Zhou Z. Multi-view active learning in the non-realizable case [C]//Proc of NIPS 2010. Cambridge: MIT Press, 2011: 2388–2396

[63] Muslea I, Minton S, Knoblock C A. Active learning with multiple-views [J]. Journal of Artificial Intelligence Research, 2006, 27: 203–233

[64] Culotta A, McCallum A. Reducing labeling effort for structured prediction tasks [C]//Proc of AAAI 2005. Menlo Park: AAAI Press, 2005: 746–751

[65] Scheffer T, Decomain C, Wrobel S. Active hidden Markov models for information extraction [G]// Lecture Notes in Computer Science 2189: Proc of CAIDA 2001. Berlin: Springer, 2001: 309–318

[66] Kim S, Song Y, Kim K. MMR-based active machine learning for bio-named entity recognition [C]//Proc of HLT-NAACL 2006. Stroudsburg, PA: ACL, 2006: 69–72

[67] Schohn G, Cohn D. Less is more: active learning with support vector machines [C]//Proc of ICML 2000. San Francisco: Morgan Kaufmann, 2000: 839–846

[68] Xu Z, Yu K, Tresp V. Representative sampling for text classification using support vector machines [G]// Lecture Notes in Computer Science 2633: Proc of ECIR 2003. Berlin: Springer, 2003: 393–407

[69] Nguyen H T, Smeulders A. Active learning using pre-clustering [C]//Proc of ICML 2004. New York: ACM, 2004: 79–86

[70] Sanjoy D, Daniel H. Hierarchical sampling for active learning [C]//Proc of ICML 2008. New York: ACM, 2008: 208–215

[71] Donmez P, Carbonell J G, Bennett P N. Dual strategy active learning [G]//Lecture Notes in Artificial Intelligence 4701: Proc of ECML 2007. Berlin: Springer, 2007:116–127

[72] Huang S, Jin R, Zhou Z. Active learning by querying informative and representative examples [C]//Proc of NIPS 2010. Cambridge: MIT Press, 2011: 892–900

[73] Abe N, Mamitsuka H. Query learning strategies using boosting and bagging [C]//Proc of ICML 1998. San Francisco: Morgan Kaufmann, 1998: 1–9

[74] Freund Y, Schapire R E. A decision-theoretic generalization of on-line learning and an application to boosting [J]. Journal of Computer and System Sciences, 1997, 55(1):119–139

[75] Breiman L. Bagging predictors [J]. Machine Learning, 1996, 24(2):123–140

[76] Geman S, Bienenstock E, Doursat R. Neural networks and the bias/variance dilemma [J]. Neural Computation, 1992, 4(1): 1–58

[77] Cohn D, Ghahramani Z, Jordan M I. Active learning with statistical models [J]. Artificial Intelligence Research, 1996(4): 129–145

[78] Zhang T, Oles F J. A probability analysis on the value of unlabeled data for classification problems [C]//Proc of ICML 2000. San Francisco, CA: Morgan Kaufmann, 2000: 1191–1198

[79] Paass G, Kindermann J. Bayesian query construction for neural network models [C] //Proc of NIPS 1995. Cambridge: MIT Press, 1995: 443–450

[80] Hoi S C H, Jin R, Zhu J. Batch mode active learning and its application to medical image classification [C]//Proc of ICML 2006. New York: ACM, 2006: 417–424

[81] Roy N, McCallum A. Toward optimal active learning through sampling estimation of error reduction[C]//Proc of ICML 2001. San Francisco, CA: Morgan Kaufmann, 2001: 441–448

[82] Zhu X, Lafferty J, Ghahramani Z. Combining active learning and semi-supervised learning using Gaussian fields and harmonic functions [C] //Proc of ICML 2003 Workshop on the Continuum from Labeled to Unlabeled Data. Menlo Park: AAAI Press, 2003: 58–65

[83] Guo Y, Greiner R. Optimistic active learning using mutual information [C]//Proc of IJCAI 2007. Menlo Park: AAAI Press: 823–829

[84] Sorokin A, Forsyth D. Utility data annotation with amazon mechanical turk [C]//Proc of IEEE CVPR 2008. NJ: IEEE, 2008: 1–8

[85] Donmez P, Carbonell J G. Proactive learning: cost-sensitive active learning with multiple imperfect oracles [C]//Proc of ACM CIKM 2008, California, 2008: 629–638

[86] 邓超, 郭茂祖. 基于 Tri-Training 和数据剪辑的半监督聚类算法 [J]. 软件学报, 2008, 19(3): 663–673

[87] 邓超, 郭茂祖. 基于自适应数据剪辑策略的 Tri-training 算法 [J]. 计算机学报, 2007, 30(8): 1213–1226

[88] Vapnik V N. Statistical Learning Theory [M]. New York: John Wiley & Sons, Inc., 1998

[89] Fedorov V V. Theory of Optimal Experiments [M]. London: Academic Press, 1972

[90] MacKay D J C. Information-based objective functions for active data selection [J]. Neural Computation, 1992, 4(4): 590–604

[91] Fukumizu K. Statistical active learning in multilayer perceptions [J]. IEEE Transactions on Neural Networks, 2000, 11(1): 17–26

[92] Sawade C, Landwehr N, Bickel S, Scheffer T. Active risk estimation [C]//Proc of ICML 2010, New York: ACM, 2010: 1161–1168

[93] Donmez P, Lebanon G, Balasubramanian K. Unsupervised supervised learning I: estimating classification and regression errors without labels [J]. Journal of Machine Learning Research, 2010, 11: 1323–1351

[94] Beygelzimer A, Hsu D, Langford J, Zhang T. Agnostic active learning without constraints [C]//Proc of NIPS 2010. Cambridge: MIT Press, 2011: 199–207

[95] Sugiyamy M. Active learning in approximate linear regression based on conditional expectation of generalization error [J]. Journal of Machine Learning Research, 2006, 7: 141–166

[96] Shimodaira H. Improving predictive inference under covariate shift by weighting the log-likelihood function [J]. Journal of Statistical Planning and Inference, 2000, 90(2): 227–244

[97] Wins D P. Robust weights and designs for biased regression models: least squares and generalized m-estimation [J]. Journal of Statistical Planning and Inference, 2000, 83(2): 395–412

[98] Geman S, Bienenstock E, Doursat R. Neural networks and the bias/variance dilemma [J]. Neural Computation, 1992, 4(1): 1–58

[99] Russell B, Torralba A, Murphy K, Freeman W T. LabelMe: a database and web-based tool for image annotation [J]. International Journal of Computer Vision, 2008, 77(1): 157–173

[100] Fan R E, Chang K W, Hsieh C J, Wang X R, Lin C J. Liblinear: A library for large linear classification[J]. Journal of Machine Learning Research, 2008, 9: 1871–1874

[101] Balasubramanian K, Donmez P, Lebanon G. Unsupervised supervised learning II: training margin based classifiers without labels [J]. Journal of Machine Learning Research, 2011, 12: 3119–3145

[102] Sheng V, Provost F, Ipeirotis P G. Get another label? improving data quality and data mining using multiple, noisy labelers [C]//Proc of ACM SIGKDD 2008. New York: ACM, 2008: 614–622

[103] Donmez P, Carbonell J G, Schneider J. Efficiently learning the accuracy of labeling sources for selective sampling [C]//Proc of ACM SIGKDD 2009. New York: ACM,

2009: 259–268

[104] Yan Y, Rosales R, Fung G, Schmidt M. Modeling annotator expertise: learning when everybody knows a bit of something [C]//Proc of AISTATS 2010. Cambridge: MIT Press, 2010: 932–939

[105] Dekel O, Shamir O. Good learners for evil teachers [C]//Proc of ICML 2009. New York: ACM, 2009: 233–240

[106] Snow R, O'Connor B, Jurafsky D. Cheap and fast-but is it good? Evaluating non-expert annotations for natural language tasks [C]//Proc of EMNLP 2008. Stroudsburg, PA: ACL, 2008: 254–263

[107] Donmez P, Carbonell J G, Schneider J. A probabilistic framework to learn from multiple annotators with time-varying accuracy [C]//Proc of SDM 2010. Philadelphia, PA: Soc for Industrial & Applied Math, 2010: 826–837

[108] Thiesson B, Meek C, Heckerman D. Accelerating EM for large databases [J]. Machine Learning, 2001, 45: 279–299

[109] KDD CUP (2008) [M/OL]. http://www.sigkdd.org/kddcup/index.php?section =2008& method=info

[110] Jain P, Vijayanarasimhan S, Grauman K. Hashing hyperplane queries to near points with applications to large-scale active learning [C]//Proc of NIPS 2010. Cambridge: MIT Press, 2011: 928–936

[111] Li L J, Su H, Xing E, Li F F. Object bank: a high-level image representation for scene classification & semantic feature sparsification [C]//Proc of NIPS 2010. Cambridge: MIT Press, 2011: 1378–1386

[112] Vijayanarasimhan S, Grauman K. Large-scale live active learning: training object detectors with crawled data and crowds [C]//Proc of CVPR 2011. NJ: IEEE, 2011: 1449–1456

[113] Panda N, Goh K, Chang E Y. Active learning in very large databases [J]. Journal of Multimedia Tools and Applications, 2006, 31: 249–267

[114] Jain P, Vijayanarasimhan S, Grauman K. Hashing hyperplane queries to near points with applications to large-scale active learning [C]//Proc of NIPS 2010. Cambridge: MIT Press, 2011: 928–936

[115] Weiss Y, Torralba A, Fergus R. Spectral hashing [C]// Proc of NIPS 2009. Cambridge: MIT Press, 2010: 1753–1760

[116] Kulis B, Grauman K. Kernelized locality-sensitive hashing [J]. IEEE Transaction on Pattern Analysis Machine Intelligence, 2012, 34: 1092–1104

[117] Lin R, Ross D, Yagnik J. SPEC hashing: similarity preserving algorithm for entropy-based coding [C]//Proc of CVPR 2010. NJ: IEEE, 2010: 848–854

[118] Yagnik J, Strelow D, Ross D, Lin R S. The power of comparative reasoning [C]// Proc of ICCV 2011. NJ: IEEE, 2011: 2431–2438

[119] Gong Y, Lazebnik S, Gordo A, Perronnin F. Iterative quantization: a procrustean

approach to learning binary codes for large-scale image retrieval [J]. Accepted by IEEE Transaction on Pattern Analysis and Machine Intelligence, 2012

[120] Yuan G X, Chang K W, Hsieh C J, Lin C J. A comparison of optimization methods and software for large-scale L1-regularized linear classification [J]. Journal of Machine Learning Research, 2010, 11: 3183–3234

[121] Rastegari M, Fang C, Torresani L. Scalable object-class retrieval with approximate and top-k ranking [C]// Proc of ICCV 2011. NJ: IEEE, 2011: 2659–2666

[122] Griffin G, Holub A, Perona P. Caltech-256 object category dataset [R]. Computer Sciences Technical Report 7694, California Institute of Technology, 2007

[123] Torresani L, Szummer M, Fitzgibbon A. Efficient object category recognition using classemes [G]//Lecture Notes in Computer Science 6311: Proc of ECCV 2010. Berlin: Springer, 2010: 776–789

[124] Bergamo A, Torresani L, Fitzgibbon A. PiCoDes: Learning a compact code for novel-category recognition [C]// Proc of NIPS 2011. Cambridge: MIT Press, 2012: 2088–2096

彩　　图

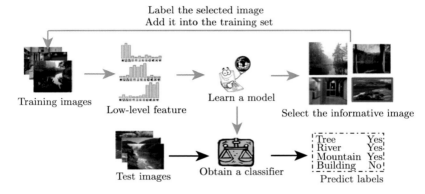

Label the selected image
Add it into the training set

Training images　　Low-level feature　　Learn a model　　Select the informative image

Test images　　Obtain a classifier　　Predict labels

Tree　　　　Yes
River　　　　Yes
Mountain　Yes
Building　　No

图 1-1　基于主动学习的图像分类过程示意图

训练过程使用蓝色箭头标出, 预测过程使用黑色箭头标出, 所选择图像使用红色方框标出

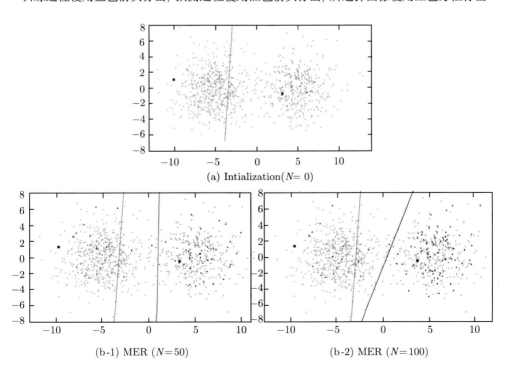

(a) Intialization($N= 0$)

(b-1) MER ($N=50$)　　　　　　　　(b-2) MER ($N=100$)

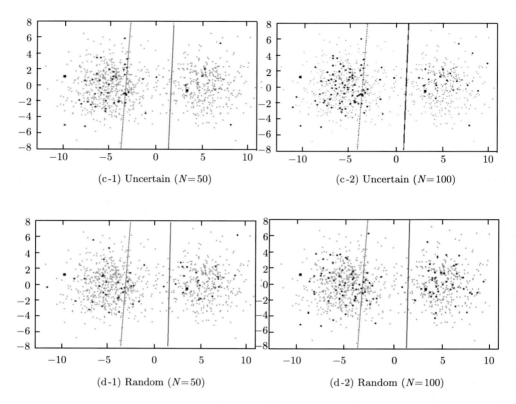

(c-1) Uncertain (N=50)   (c-2) Uncertain (N=100)

(d-1) Random (N=50)   (d-2) Random (N=100)

图 2-2　人工数据集上各种方法的样本选择与分类结果
(N 表示选择并标注样本数量)

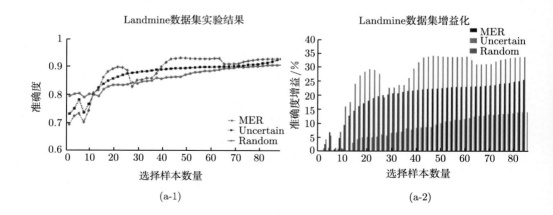

(a-1)   (a-2)

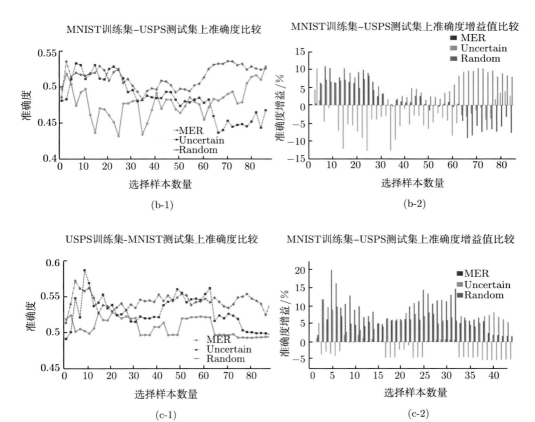

图 2-3　Landmine, MNIST 和 USPS 图像库实验结果图, 横轴表示选择并标注样本的数量, 纵轴表示三种样本选择方法在测试集上的分类精度和增益

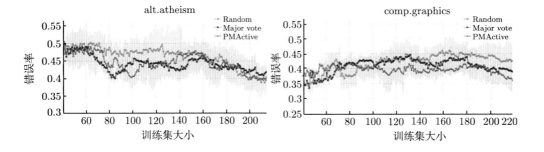

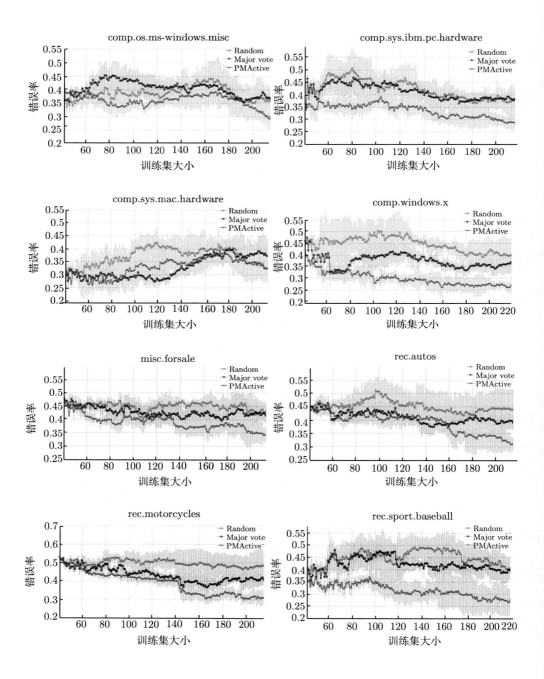

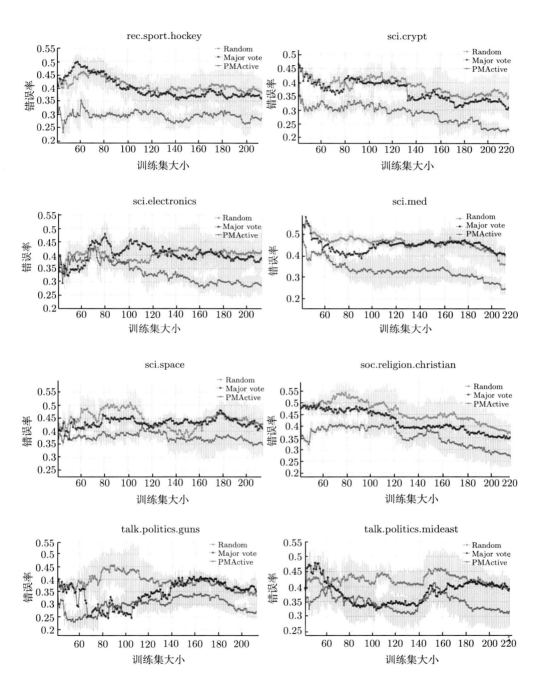

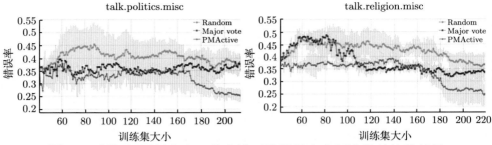

图 4-4　新闻组语料库上三种方法平均错误率和标准差的比较结果

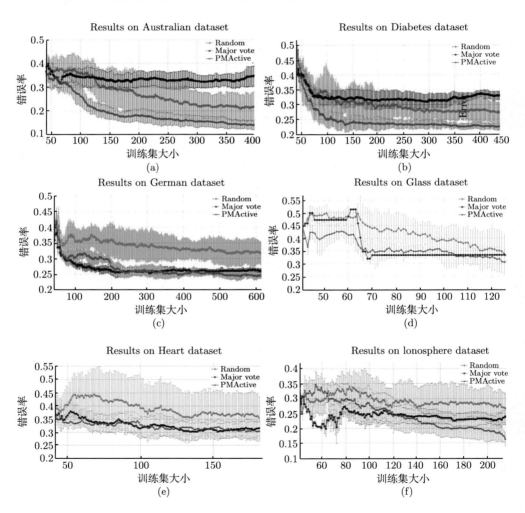

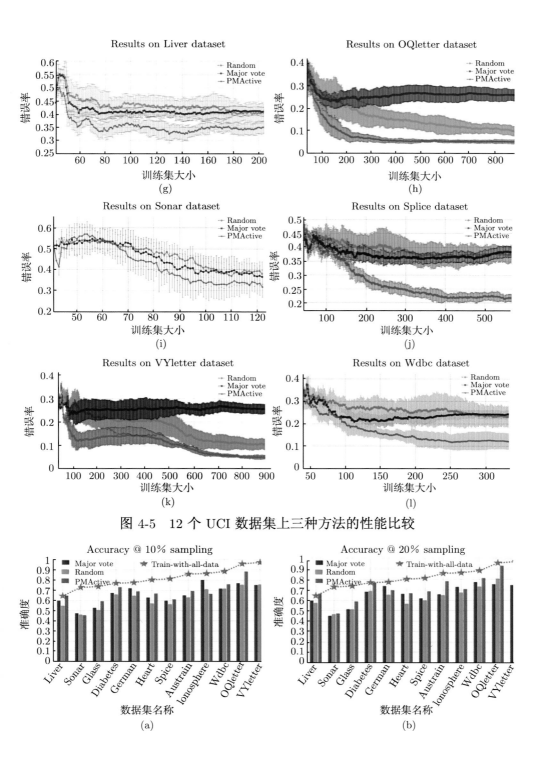

图 4-5　12 个 UCI 数据集上三种方法的性能比较

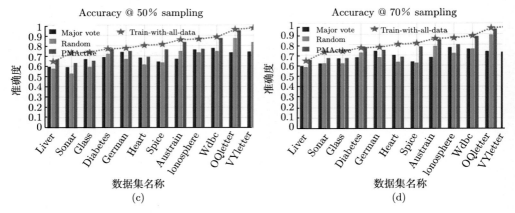

图 4-6　12 个 UCI 数据集上, 无标注样本池上采样比例分别是 10%, 20%,

50% 和 70% 时的平均测试结果

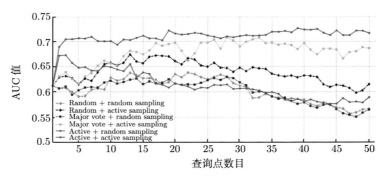

图 4-7　六种不同方法在乳腺癌数据集上的 AUC 值比较结果

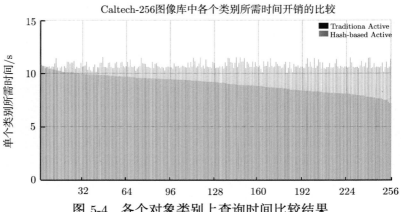

图 5-4　各个对象类别上查询时间比较结果